普通高等教育规划教材

建筑施工组织、实训教程

李思康　李　宁　李洪涛　主编

化学工业出版社

·北京·

本书共分为上、中、下三篇。上篇为建筑施工组织概述；中篇为专项技能训练，将施工组织分为四大专项技能训练；流水施工组织技能训练，网络计划编制技能训练，施工方案编制技能训练，施工平面图绘制技能训练，每项技能训练又有若干任务支撑，通过任务驱动的方式以案例为主线，深入学习核心知识，并将软件功能与实际业务紧密结合在一起；下篇为综合训练，以实际案例和工程图纸对前期的专项技能进行系统整合，将施工组织各专项技能的相互依存关系做了综合演练，从而使学生能够编制一份施工组织方案。书后还附有附录供读者参考。

本书可以作为本科、高职高专院校土木工程、工程管理、工程造价、建筑工程技术、工程监理等建筑类相关专业的教材，亦可作为广大工程技术相关人员学习的参考用书。本书中的软件实训部分也适用于中职建筑类相关专业使用。

图书在版编目（CIP）数据

建筑施工组织实训教程/李思康，李宁，李洪涛主编．
北京：化学工业出版社，2015.5（2023.2重印）
普通高等教育规划教材
ISBN 978-7-122-23495-7

Ⅰ.①建…　Ⅱ.①李…②李…③李…　Ⅲ.①建筑工程-施工组织-高等学校-教材　Ⅳ.①TU721

中国版本图书馆 CIP 数据核字（2015）第 066417 号

责任编辑：吕佳丽　　　　　　　　　　　　装帧设计：张　辉

出版发行：化学工业出版社（北京市东城区青年湖南街 13 号　邮政编码 100011）
印　　装：北京科印技术咨询服务有限公司数码印刷分部
787mm×1092mm　1/16　印张 9¾　字数 227 千字　插页 2　2023 年 2 月北京第 1 版第 6 次印刷

购书咨询：010-64518888　　　　　　　　售后服务：010-64518899
网　　址：http://www.cip.com.cn
凡购买本书，如有缺损质量问题，本社销售中心负责调换。

定　　价：29.00 元

本书编委会名单

主　任　孙济生

副主任　齐亚丽　叶　雯　张　新　高　杨

　　　　　王全杰

委　员（按姓氏笔画排名）

王爱玲	玉小冰	田秋红	边喜龙
朱溢楠	任　义	刘汉清	刘丽君
刘胜群	刘　鑫	孙丽雅	严　伟
苏有文	杜兴亮	杨俊雄	吴冬平
吴　玲	张静晓	陈德鹏	范红岩
罗　琳	周利军	孟志良	姚　运
贺会团	袁维红	都沁军	高　伟
郭汉丁	涂劲松	常新中	琚宏昌
程晓慧	程　辉	谢志秦	蒙彦宇

编写人员名单

主　编　李思康　李　宁　李洪涛

副主编　张西平　马露霞　满　莉

　　　　吴　军

参　　编（按姓氏笔画排序）

　　　　王成平　朱溢镕　华　均

　　　　刘金强　李　军　杨文生

　　　　陈　雷　范庆瑜　周二峰

　　　　饶　婕　贺翔鑫　徐仲莉

　　　　高瑞霞　葛怀银　谭翰哲

　　　　熊　森　樊　磊　霍天昭

前　言

　　为推动建筑行业信息化发展，提升建筑类相关专业学生对施工组织的编制能力和就业竞争力，由广联达软件股份有限公司开发的建筑施工组织实训软件已被全国逾百家院校引进。为了方便高等院校开展日常教学工作，保证该课程的课堂教学质量，便于施工组织实训的开展和软件在实训中的应用结合，我们编写了这本《建筑施工组织实训教程》。

　　与建筑类相关专业既有的施工组织传统教材相比，本教材的最大的点在于其实用性和可操作性。在课程编排上将施工组织编制能力融在四大训练模块中，用近 10 个任务模块来支撑各能力的初步培养，最后结合实际工程案例进行综合实训，完成目标的检验、测试和综合能力的提升。

　　本教程由广联达软件股份有限公司李思康、李洪涛、北京经济管理职业学院李宁担任主编，武昌工学院张西平、东北石油大学马露霞、黑龙江建筑职业技术学院满莉、宁夏建筑职业技术学院吴军担任副主编，王成平等参与了部分章节的编写，全书由李思康负责统稿。

　　本书共分为上、中、下三篇。上篇为建筑施工组织概述；中篇为专项技能训练，以切片式教学方式将施工组织共分为四大专项技能训练：流水施工组织技能训练，网络计划编制技能训练，施工方案编制技能训练，施工平面图绘制技能训练，每项技能训练又有若干任务支撑，通过任务驱动的方式以案例为主线，层层深入学习核心知识，并将软件功能与实际业务紧密结合在一起；下篇为综合训练，以实际案例和工程图纸对前期的专项技能进行系统整合，将施工组织各专项技能的相互依存关系做了综合演练，从而使学生能够编制一份施工组织方案。书后还附有附录，供读者参考。本书可以作为本科、高职高专院校土木工程、工程管理、工程造价、建筑工程技术、工程监理等建筑类相关专业的教材，亦可作为广大工程技术相关人员学习的参考用书。本书中的软件实训部分也适用于中职建筑类相关专业使用。

　　在本书的编写过程中，参考了一些参考文献，对原作者致以衷心的感谢！

　　为了使教材更加适合应用型人才培养的需要，我们做出了全新的尝试与探索，但是由于工程类翻转课堂的实训教程尚属空白，可供直接参考的文献有限。由于编者的认知水平不足和编写时间仓促，书中难免有疏漏或不妥之处，恳请广大师生和读者批评指正，同时为了大家能够更好地使用本教程，教材及软件应用问题可反馈至 glodonlisk@163.com，以期再版时不断提高。

编者

2015 年 3 月

目 录 CONTENTS

上篇　概述

一、 畅想未来——建造属于自己的大厦

1. 引言

未来，好神奇的字眼，充满了梦幻，充满了无限可能。你是否设想过在将来拥有一幢属于自己的大厦？高大雄伟、拔地凌空、气势恢宏、雍容典雅、别树一帜，"拥有"这幢大厦不是因为你富有，而是因为这幢大厦是你组织建造的。

看着自己的劳动果实从临时设施的建造到基坑的开挖，再到主体结构一层层地增高，最后到大厦穿着华美的外衣矗立在辽阔大地上，你是否激动与自豪？

设想一下你的未来建筑是什么样的。

2. 活动规则

（1）每人准备一张 A4 的白纸，绘制一幢自己未来的建筑。不限形状，发挥自己的想象，大家一起想象，然后一起设计，时间 15 分钟。

（2）思考自己未来建筑的结构形式、建造工期、需要的资源。

（3）思考建造该建筑的成本，怎样可以最大限度地节省资金。

（4）列出该建筑在建造过程中的计划安排。

（5）检视你的计划安排能否支撑你项目的实施。

（6）将以上内容写在白纸的背面，活动结束后可由任课教师保存，也可自己留存，以供课程结束后进行回顾与对比。

二、 建筑施工组织概述

在以上的这个活动中，你所做的计划安排、资源需求等有点类似于这门课程将要讲的内容，也就是施工组织设计。那么什么是施工组织设计呢？

概括起来说，施工组织设计是用来规划和指导建筑工程投标、签订承包合同、施工准备、施工至竣工验收全过程活动的技术、经济和管理的综合性文件。那么，单位工程的施工组织设计的作用是什么呢？

单位工程施工组织设计是在施工图设计完成之后，以施工图为依据，由施工承包单位负责编制，用于具体指导单位工程或一个单项工程施工的文件，它是施工单位具体安排人力、物力以及各项施工工作的基础，是施工单位编制作业计划和制订旬施工计划、月施工计划的重要依据。其主要作用有以下几点：

（1）是投标文件的重要组成部分，是解读单位工程和单项工程的施工能否顺利实施的重要依据。

（2）贯彻执行施工组织总设计，具体实施施工组织总设计对单位工程和单项工程的各项要求。

（3）具体确定该单位工程和单项工程的施工方案。选择该单位工程和单项工程的施工方法、施工机械，确定施工顺序和施工流向，提出保证施工质量、进度、成本和安全目标的具体措施，为施工项目管理提出技术和组织方面的指导性意见。

（4）编制施工进度计划。确定该单位工程和单项工程的施工顺序以及各工序间的搭接关系、各分部分项工程的施工时间，实现工期目标，为施工单位编制月、旬作业计划提供依据。

（5）计算并确定各种物资、材料、机械、劳动力的需要量，安排相应的供应计划，保证该单位工程的施工进度计划的实现。

（6）对该单位工程的施工现场进行合理设计和布置，统筹合理地利用施工现场空间和各项资源。绘制该单位工程的施工现场的平面布置图。

（7）确定该单位工程和单项工程的各项施工准备工作。保障该单位工程的顺利实施。

（8）依据该单位工程和单项工程的施工进度计划，进行各项施工过程的质量、安全检查，控制施工进度，保障工期目标的实现。

（9）依据该单位工程和单项工程的施工进度计划，落实建设单位、施工单位、监理单位以及其他与单位工程施工相关的各部门的各项关系。

总之，通过单位工程施工组织设计的编制和实施，保障单位工程施工的施工方法、材料、机械、劳动力、资金、时间、空间等各方面，使施工在一定时间、空间和资源供应条件下，有组织、有计划、有秩序地进行，实现质量好、工期短、消耗少、资金省、成本低的良好效果。

单位工程施工组织设计的内容包括哪些呢？

单位工程施工组织设计依据其作用不同，其内容和编制的要求也不尽相同。标前施工组织设计是为了满足编制投标书和签订承包合同而编制的，作为投标文件的内容之一，对标书进行规划和决策。因此，标前施工组织设计在编制依据、工程概况、施工部署、施工准备等内容可以适当简化，其内容以突出规划性为主，重点突出本工程在施工方法、进度安排、质量控制等方面的个性化特点，简化共性内容，强调与投标、谈判、签约有关的内容。标后施工组织设计是为满足施工准备和指导施工需要而编制的，其重点突出施工的作业和具体实施的特性。

根据单位工程的性质、规模、结构特点、技术复杂程度、施工条件、建设工期要求、采用施工技术的先进性、施工企业的技术素质、施工机械化的程度等多方面的因素，施工组织设计内容的广度和深度可以有所不同。都应从实际出发，真正解决工程实际施工中的具体问题，在施工中确实起到指导施工的作用。为此，一般情况下单位工程施工组织设计常包括如下各项内容：

（1）拟建工程概况和施工条件；

（2）确定施工方案和施工方法；

（3）施工进度计划；

（4）施工管理组织机构；

（5）施工准备工作计划；

（6）各项资源需要量计划；

（7）施工平面图；

（8）确保工程质量、安全，降低工程成本，防火和冬雨季施工技术等技术组织措施；

（9）主要技术经济指标。

在上述内容中，以施工方案、施工进度计划和施工平面图三项最为关键，也就是常说的"一图一表一方案"。它们规划了单位工程施工的技术组织、时间和空间的三大要素，在编制施工进度计划时应重点解决，以保证施工进度计划的先进性和可行性。

根据"一图一表一方案"，针对学生将技能划分为以下四项：

（1）组织流水施工的技能；

（2）编制网络计划的技能；

（3）编制施工方案的技能；

（4）绘制施工平面布置图的技能。

各项技能由若干任务支撑，以软件为载体，通过翻转课堂、任务驱动式等课程方式，结合广联达项目管理沙盘中的虚拟模型及实际工程的经典案例，使学生可以真正掌握施工组织的专业知识和拥有独立编制一份单位工程施工组织设计的能力。

中篇　专项技能训练

模块一 流水施工组织技能训练

本模块导读:

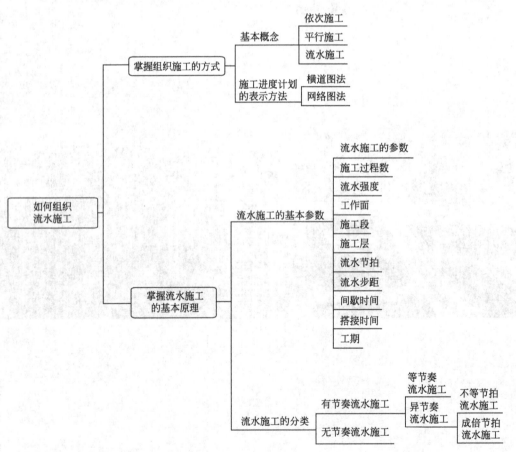

任务一　编制"凯旋门" 工程的施工进度计划

【任务说明】

一、 背景

施工方不仅需要按照合同工期保质保量完成拟建工程，还需考虑自身的投入和产出比，为了利于施工管理，通常采用横道图和网络图的形式表示整项工程的施工进度计划。

二、 目标

1. 能力目标

(1) 根据施工图纸和施工现场实际条件以及工期要求，能正确选择组织施工的方式；

(2) 根据选定的施工方式，能独立绘制单位工程施工进度计划；

(3) 能够运用**广联达工程项目管理分析工具软件**编制"凯旋门"工程的横道图。

2. 知识目标

(1) 了解建筑工程中 3 种组织施工的方式并掌握它们的适用场景；

(2) 了解横道图的格式并掌握其编制方法。

三、 形式

在实施环节中，可进行单人实训，也可进行团队实训。

四、 资料

1. 工程概况

"凯旋门"工程结构如图 1-1 所示。

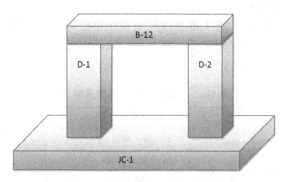

图 1-1　"凯旋门"工程结构图

2. 工期要求

13 周，前半周为临设建造，紧接着 1 周为钢筋准备，接下来为正常施工。

3. 工程量表（见表 1-1）

表 1-1　"凯旋门"工程量表

编　号	构件名称	工　序	单　位	工　程　量
JC-1	基础			
JC-1-1		绑钢筋	t	5

编　号	构件名称	工　序	单　位	工程量
JC-1-2		支模板	m²	5
JC-1-3		浇筑混凝土	m³	10
D-1	墩-1			
D-1-1		绑钢筋	t	5
D-1-2		支模板	m²	5
D-1-3		浇筑混凝土	m³	10
D-2	墩-2			
D-2-1		绑钢筋	t	5
D-2-2		支模板	m²	5
D-2-3		浇筑混凝土	m³	10
B-12	板-12			
B-12-1		支模板	m²	5
B-12-2		绑钢筋	t	5
B-12-3		浇筑混凝土	m³	10

温馨提示：

（1）假设工程项目所有构件只有绑钢筋、支模板、浇筑混凝土三个工序，并且需要钢筋劳务班组、模板劳务班组、混凝土劳务班组分别进行操作施工。

（2）假设钢筋加工机械和混凝土加工机械不需要配备人工便可以进行加工操作。

（3）假设混凝土浇筑完成后便可以拆除模板（拆除模板必须先退至库房），不需要养护时间，也不需要配备人员拆除。

（4）假设所有预定、加工、施工都是以周为最小单位，且本周开始，必须是下周才预定到场、加工完成或者施工完成时间算为一周。

4. 市场资源情况（见表1-2）

表 1-2　"凯旋门"市场资源情况

劳务班组工种	生产能力	市场最多可供应数量
钢筋劳务班组	5t/(周·班组)	3个班组
模板劳务班组	5m²/(周·班组)	3个班组
混凝土劳务班组	10m³/(周·班组)	3个班组

【任务实施】

（1）根据工程资料列出"凯旋门"工程各个构件之间的逻辑关系。

说明：需清晰了解构件的定义，该工程是由哪几个构件组成，之间的逻辑关系又是什么。

（2）根据工程资料了解各个构件中施工过程的顺序，并确定各个施工过程的持续时间。

说明：需清晰了解施工过程的定义，该工程的每个构件分为哪几个施工过程，各个施工过程的逻辑顺序是怎样的，每个构件中施工过程的逻辑顺序是否一样。

（3）按照上述确定的施工顺序和各施工过程持续时间绘制"凯旋门"工程的横道图。

说明：请在表 1-8 中绘制"凯旋门"工程的横道图。

（4）在条件允许的情况下，建议运用**广联达工程项目管理分析工具软件**绘制"凯旋门"工程的横道图。操作步骤如下：

① 新建工程 右键单击打开"广联达工程项目管理分析工具软件"（或者双击桌面的快捷方式打开）→单击左上角"新建工程"，会弹出名为"新建"的对话框（如图 1-2 所示），选择"（凯旋门）练习"，然后点击"确定"，接着会弹出名为"注册"的对话框（如图 1-3 所示），选择"学生"，用户名和密码可以任意设置，都暂定为 1，然后点击"确定"，进入软件的主界面。

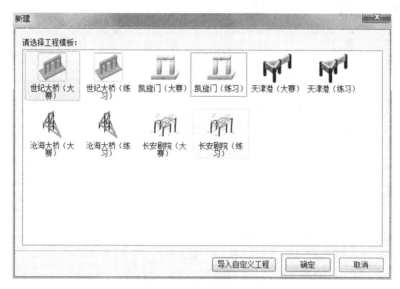

图 1-2 新建

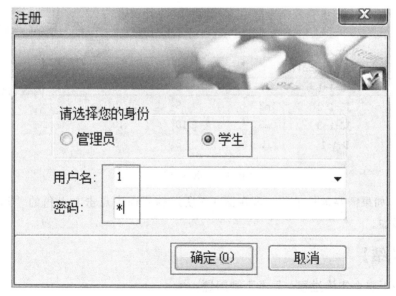

图 1-3 注册

② 绘制横道图　如图 1-4 所示，点击"工程资料"可以查看整个工程的概况，然后点击"导航"可返回主界面，接着点击"施工进度"，在该界面下绘制"凯旋门"工程的横道图。在绘制过程中只需在工序名称和对应的时间刻度的交叉区域内输入该工序的持续时间即可完成该工作项的绘制，如图 1-5 所示。

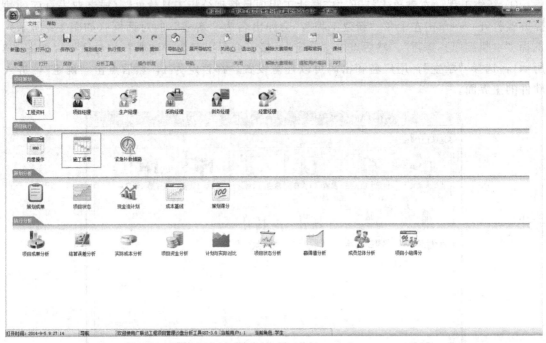

图 1-4　选文件

	项目名称	单位	工程量	班组产能	第1周	第2周	第3周
1	临设建造				■		
2	钢筋加工/成品订	t				■	
3	JC-1-1	t	5	5			5
4	JC-1-2	m2	5	5			
5	JC-1-3	m3	10	10			
6	D-1-1	t	5	5			

延长工期　恢复默认工期　上移　下移

图 1-5　输入时间

③ 其他　如果需要延长工期，可在图 1-5 所示的界面中点击左上角的"延长工期"即可完成工期添加。

【任务总结】

请回顾一下整个实施过程，思考下列问题：

(1) 能力目标和知识目标是否完成？如果没有完成，还需做哪些工作？

(2) 整个任务过程中涉及哪些知识点？请做罗列。这些知识点是否理解并掌握？

（3）组织施工的方式有哪几种？试分析各种施工顺序的优劣势及适用场景。

（4）查看"凯旋门"工程横道图的格式，试分析横道图的特点及优劣势。

【核心知识：组织施工的方式】

1. 基本概念

在建筑工程施工中，可采取的施工组织方式有：依次施工、平行施工、流水施工。依次施工组织方式是将拟建工程项目的整个建造过程分解成若干个施工过程，按照一定的施工顺序依次完成施工任务。即前一个施工过程完成后，后一个施工过程才开始；或者前一个工程完成后，后一个工程才开始。平行施工组织方式是将若干个相同的施工过程交给若干个施工队伍同时施工。例如：某工程分为 3 个施工段，采用平行施工即前一个施工过程的三个施工段同时施工，完成后同时开始后一个施工过程。流水施工组织方式是将施工对象分为若干个施工段，并将工程对象划分为若干个施工过程，每个施工过程的施工班组按照一定的施工顺序，依次从一个施工段转移到另一个施工段，像流水一样连续、均衡地进行施工。即当前一个施工过程的施工班组完成一个施工段的作业后就可以到下一个施工段施工，同时为后一个施工过程提供了工作面，负责后一施工过程的施工班组便可投入作业。三种施工组织方式的特点比较见表 1-3。

表 1-3　三种施工组织方式的特点比较

比较内容	依次施工	平行施工	流水施工
工作面利用情况	不能充分利用工作面	最充分地利用工作面	合理、充分地利用工作面
工期	最长	最短	适中
窝工情况	有窝工现象	有窝工现象	主导施工过程班组不会有窝工现象
专业班组	实行	实行	实行
资源投入情况	单位时间资源用量少，品种单一，不均衡	单位时间资源用量大，品种单一，不均衡	单位时间资源用量适中，比较均衡
对劳动生产率和工程质量的影响	不利	不利	有利

2. 施工进度计划的表示方法

施工进度计划是以拟建工程为对象，规定各项工程的施工顺序和开工、竣工时间的施工计划。其表示方法分为横道图法（又称甘特图法）和网络图法。依次施工、平行施工、流水施工的施工进度计划用横道图表示如［例 1-1］所示。

【例 1-1】　现有 4 根柱子进行现场浇筑施工，按 1 根柱子为一个施工段，每根柱子的施工过程为绑钢筋、支模板、浇混凝土，各施工过程所花时间均为 2d，要求分别采用依次、平行、流水的方式对其组织施工，用横道图表示各种施工方式的施工进度计划。

【解析】　横道图表示方法为横向表示时间坐标，纵向表示施工过程，横道表示相应施工过程，横道的起点为开始时间、终点为竣工时间，横道的长度表示本施工过程的持续时间。依次施工施工进度计划见表 1-4 和表 1-5，平行施工施工进度计划见表 1-6，流水施工施工进度计划见表 1-7，"凯旋门"工程——横道图见表 1-8。

表 1-4 依次施工施工进度计划（一）

施工过程名称	施工天数	施工进度/d											
		2	4	6	8	10	12	14	16	18	20	22	24
绑钢筋	2	①			②			③			④		
支模板	2		①			②			③			④	
浇混凝土	2			①			②			③			④

注：一个工程完成后，下一个工程才开始。

表 1-5 依次施工施工进度计划（二）

施工过程名称	施工天数	施工进度/d											
		2	4	6	8	10	12	14	16	18	20	22	24
绑钢筋	2	①	②	③	④								
支模板	2					①	②	③	④				
浇混凝土	2									①	②	③	④

注：一个施工过程完成后，下一个施工过程才开始。

表 1-6 平行施工施工进度计划

施工过程名称	施工天数	施工进度/d		
		2	4	6
绑钢筋	1	①②③④		
支模板	2		①②③④	
浇混凝土	2			①②③④

表 1-7 流水施工施工进度计划

施工过程名称	施工天数	施工进度/d					
		2	4	6	8	10	12
绑钢筋	2	①	②	③	④		
支模板	2		①	②	③	④	
浇混凝土	2			①	②	③	④

表 1-8　"凯旋门"工程——横道图

编号	项目名称	单位	工程量	班组数量	班组产量	每周产量	工期	一月份				二月份				三月份				四月份			
								1	2	3	4	5	6	7	8	9	10	11	12	13	14	15	16
1	JC-1-1	t																					
2	JC-1-2	m²																					
3	JC-1-3	m³																					
4																							
5																							
6																							
7																							
8																							
9																							
10																							
11																							
12																							
13																							
14																							

任务二 编制"世纪大桥"工程的横道图

【任务说明】

一、背景

为了在施工过程中能够很好地利用工作面、争取时间，使工作队及其工人能够实现专业化生产，利于改进操作技术和保证工程质量，提高劳动生产率，以及使投入的资源量较为均衡，并且为现场文明施工和科学管理创造有利条件，我们通常会采用流水施工的组织方式。

上述经济效果都是在不需要增加任何费用的前提下取得的，可见，流水施工是实现施工管理科学化的重要组成内容，是与建筑设计标准化、施工机械化等现代施工内容紧密联系、相互促进的，是实现企业进步的重要手段。

二、目标

1. 能力目标

（1）根据施工图纸和施工现场实际条件以及工期要求，能正确划分施工过程，计算流水施工各项参数，并能独立组织流水施工；

（2）根据选定的流水施工方式，能够独立绘制单位工程的横道图；

（3）能够运用**广联达工程项目管理分析工具软件**编制"世纪大桥"工程的横道图。

2. 知识目标

（1）掌握流水施工的概念、特点和流水施工基本参数及其计算方法；

（2）掌握流水施工的组织方法。

三、形式

在实施环节中，可进行单人实训，也可进行团队实训。

四、资料

1. 工程概况

"世纪大桥"工程结构图如图 1-6 所示。

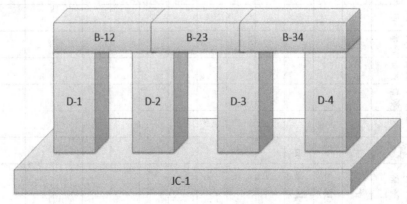

图 1-6 "世纪大桥"工程结构图

2. 工期要求

20 周。

3. 工程量表（见表 1-9）

表 1-9　"世纪大桥"工程量表

编　号	构件名称	工　序	单　位	工　程　量
JC	基础			
JC-1		绑钢筋	t	5
JC-2		支模板	m²	5
JC-3		浇筑混凝土	m³	10
D-1	桥墩-1			
D-1-1		绑钢筋	t	5
D-1-2		支模板	m²	10
D-1-3		浇筑混凝土	m³	10
D-2	桥墩-2			
D-2-1		绑钢筋	t	5
D-2-2		支模板	m²	10
D-2-3		浇筑混凝土	m³	10
D-3	桥墩-3			
D-3-1		绑钢筋	t	5
D-3-2		支模板	m²	10
D-3-3		浇筑混凝土	m³	10
D-4	桥墩-4			
D-4-1		绑钢筋	t	5
D-4-2		支模板	m²	10
D-4-3		浇筑混凝土	m³	10
B-12	板-12			
B-12-1		支模板	m²	10
B-12-2		绑钢筋	t	5
B-12-3		浇注混凝土	m³	10
B-23	板-23			
B-23-1		支模板	m²	10
B-23-2		绑钢筋	t	5
B-23-3		浇注混凝土	m³	10
B-34	板-34			
B-34-1		支模板	m²	10
B-34-2		绑钢筋	t	5
B-34-3		浇注混凝土	m³	10

注：具体规则见任务一。

4. 市场资源情况（见表 1-10）

表 1-10　"世纪大桥"市场资源情况

劳务班组工种	生产能力	市场最多可供应数量
钢筋劳务班组	5t/(周·班组)	3 个班组
模板劳务班组	5m²/(周·班组)	3 个班组
混凝土劳务班组	10m³/(周·班组)	3 个班组

【任务实施】

(1) 根据工程资料列出"世纪大桥"工程各个构件之间的逻辑关系。

说明：同"任务一"一样，需清晰了解构件的定义，该工程是由哪几个构件组成，之间的逻辑关系又是什么。

(2) 根据工程资料了解各个构件中施工过程的顺序，并确定各个施工过程的持续时间。

说明：同"任务一"一样，需清晰了解施工过程的定义，该工程的每个构件又分为哪几个施工过程，各个施工过程的逻辑顺序又是怎样的，每个构件中施工过程的逻辑顺序是否一样。

(3) 按照上述确定的施工顺序和各施工过程持续时间绘制"世纪大桥"工程的横道图。

说明：请在表 1-16 中绘制"世纪大桥"工程的横道图。

(4) 在机房进行实训的情况下，建议运用**广联达工程项目管理分析工具软件**绘制"世纪大桥"工程的横道图。操作步骤如下：

① 新建工程：右键单击打开"广联达工程项目管理分析工具软件"（或者双击桌面的快捷方式打开）→单击左上角"新建工程"会弹出名为"新建"的对话框（如图 1-1 所示），点击"导入自定义工程"，选择需要导入的工程文件然后点击"确定"，接着会弹出名为"注册"的对话框，选择"学生"，用户名和密码可以任意设置，都暂定为 1，然后点击"确定"，进入软件的主界面。

② 绘制横道图：如图 1-3 所示，点击"工程资料"可以查看整个工程的概况，然后点击"导航"可返回主界面，接着点击"施工进度"，在该界面下绘制"世纪大桥"工程的横道图。在绘制过程中只需在工序名称和对应的时间刻度的交叉区域内输入该工序的持续时间即可完成该工作项的绘制。

③ 其他：如果需要延长工期，可在图 1-5 所示的界面中点击左上角的"延长工期"即可完成工期添加。

【任务总结】

请回顾一下整个实施过程，思考下列问题：

(1) 能力目标和知识目标是否完成？如果没有完成，还需做哪些工作？

(2) 整个任务过程中涉及哪些知识点？请做罗列。这些知识点是否理解并掌握？

(3) 组织施工的方式有哪几种？试分析各种施工顺序的优劣势及适用场景。

(4) 查看"世纪大桥"工程横道图的格式，试分析横道图的特点及优劣势。

【核心知识：流水施工的基本原理】

1. 流水施工的基本参数

流水施工的参数是指组织流水施工时，用来描述工艺流程、空间布置和时间安排的状态参数，主要包括工艺参数、空间参数和时间参数三种类型，如图 1-7 所示。

$$流水施工参数\begin{cases}工艺参数：施工过程数、流水强度\\空间参数：工作面、施工段、施工层\\时间参数：流水节拍、流水步距、间歇时间、搭接时间、工期\end{cases}$$

图 1-7　流水施工的基本参数

施工过程数是指工程中一组流水的施工过程的个数，用 n 表示。

流水强度是指每个施工过程在单位时间内所完成的工程量，也称生产能力。

工作面是指某专业工种在加工建筑产品时所必须具备的活动空间，前一施工过程的结束就为后一个（或几个）施工过程提供了工作面。

施工段是指通常把施工对象划分为劳动量相等或大致相等的若干个段，这些段称为施工段。施工段是将施工项目在横向上划分为若干个施工段，它可以是固定的，也可以是不固定的。在固定施工段的情况下，所有施工过程都采用同样的施工段，施工段的分界对所有施工过程来说都是固定不变的。在不固定施工段的情况下，对不同的施工过程分别地规定出一种施工段划分方法，施工段的分界对于不同的施工过程是不同的。在流水施工中经常用到施工段数，用 m 表示。

施工层是指为满足专业工种对操作高度的要求，将施工项目在竖向上划分为若干个作业层，称为施工层。施工层不局限于设计楼层，例如基础、柱子、梁板可以作为三个施工层。

流水节拍是指每个专业班组在各个施工段上完成相应的施工任务所需要的时间，用 t 表示。

流水步距是指组织流水施工时，相邻两个施工过程（或专业班组）相继开始施工的最小时间间隔，常用 K 表示。

间歇时间包括技术间歇时间和组织间歇时间。技术间歇时间是指由于施工工艺要求，某施工过程必须停歇的时间；组织间歇时间是指由于施工组织原因而造成的间歇时间，用 J 表示。

搭接时间是指在工作面允许的条件下，在同一施工段上，当前一个专业班组完成部分施工任务后，后一个专业班组可以提前开始施工，两者平行搭接施工的时间，用 D 表示。

工期是指从第一个专业班组投入施工开始到最后一个专业班组完成施工为止所持续的时间总和，用 T 表示。

2. 流水施工的分类

工程的流水施工按流水节拍分类如图 1-8 所示。

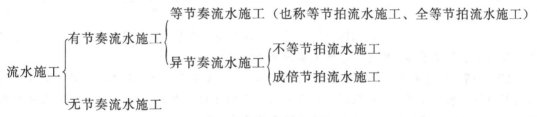

图 1-8　流水施工的分类

（1）等节奏流水施工　是指每个施工过程在各个施工段上的流水节拍彼此相等，其流水步距也相等且等于流水节拍的流水施工方式。

【例 1-2】　现有 4 根柱子进行现场浇筑施工，按 1 根柱子为一个施工段，每根柱子的施工过程为绑钢筋、支模板、浇混凝土，各施工过程所花时间均为 2d，没有间歇时间和搭接时间，试编制流水施工进度计划表。如果绑钢筋和支模板之间有组织间歇 2d，则流水施工季度计划表如何编制？工期多少？

【解析】　没有间歇时间和搭接时间时的流水施工进度计划表见表 1-5；绑钢筋和支模板之间有组织间歇 2d，流水施工进度计划表见表 1-11。

$$工期\ T=(m+n-1)\times t+\sum J-\sum D=(4+3-1)\times 2+2-0=14(d)$$

表 1-11　流水施工进度计划

施工过程名称	施工天数	施工进度/d						
		2	4	6	8	10	12	14
绑钢筋	2	①	②	③	④			
支模板	2			①	②	③	④	
浇混凝土	2				①	②	③	④

（2）不等节拍流水施工　是指同一个施工过程在各个施工段上的流水节拍相等，而不同施工过程之间的流水节拍不一定相等的流水施工方式。

【例 1-3】　现有 4 根柱子进行现场浇筑施工，按 1 根柱子为一个施工段，每根柱子的施工过程为绑钢筋、支模板、浇混凝土，各施工过程所花时间分别为 3d、2d、3d，没有间歇时间和搭接时间，试编制流水施工进度计划表并计算工期。

【解析】　流水施工进度计划表见表 1-12，工期可以从进度计划表直接读取，也可以计算，计算工期的公式为：$T = \sum K + \sum t_n + \sum J - \sum D$（注：$t_n$ 表示最后一个施工过程的流水节拍），流水步距 K 的计算公式为：

$$K_{i,i+1} = \begin{cases} t_i + J - D & [t_i \leqslant t_{i+1}] \\ mt_i - (m-1)t_{i+1} + J - D & [t_i > t_{i+1}] \end{cases}$$

所以流水步距 $K_{12} = 4 \times 3 - (4-1) \times 2 = 6$；$K_{23} = 2$；工期 $T = 6 + 2 + 3 \times 4 = 20(\text{d})$。

表 1-12　施工进度计划表

施工过程名称	施工天数	施工进度/d																			
		1	2	3	4	5	6	7	8	9	10	11	12	13	14	15	16	17	18	19	20
绑钢筋	3		①			②			③			④									
支模板	2								①		②		③		④						
浇混凝土	3										①		②				③			④	

（3）成倍节拍流水施工是指同一施工过程在各个施工段上的流水节拍相等，不同施工过程之间的流水节拍不等，但是为倍数关系的流水施工方式。

【例 1-4】　现有 4 根柱子进行现场浇筑施工，按 1 根柱子为一个施工段，每根柱子的施工过程为绑钢筋、支模板、浇混凝土，各施工过程所花时间分别为 4d、2d、4d，没有间歇时间和搭接时间，试编制流水施工进度计划表并计算工期。

【解析】　成倍节拍流水施工专业工作班组数大于施工过程数，节拍小的施工过程成立 1 个工作班组，节拍大的施工过程按照节拍倍数增加工作班组的数量。编制成倍节拍流水施工进度计划的步骤为：

（1）确定流水节拍的最大公约数，即流水节拍最小者，本题最大公约数为 2，流水节拍是 2；

（2）确定流水步距，流水步距都相等且等于最小流水节拍，本题流水步距为 2；

（3）确定工作班组数量，工作班组数 $b_i = t_i / t_{\min}$，本题 $b_1 = 2$，$b_2 = 1$，$b_3 = 2$，工作队总和 $N = 5$；

（4）计算工期，$T = (m + N - 1) \times t + \sum J - \sum D = (4 + 5 - 1) \times 2 = 16(\text{d})$；

（5）绘制流水施工进度计划表，见表 1-13。

表 1-13　流水施工进度计划表

施工过程名称	工作班组	施工进度/d							
		2	4	6	8	10	12	14	16
绑钢筋	I	①		③					
	II		②		④				
支模板	I		①	②	③	④			
浇混凝土	I				①		③		
	II					②		④	

（4）无节奏流水施工是指同一施工过程在各个施工段上的流水节拍不相等，不同施工过程之间的流水节拍也不尽相等的流水施工方式。

【例 1-5】　现有 4 根柱子进行现场浇筑施工，按 1 根柱子为一个施工段，每根柱子的施工过程为绑钢筋、支模板、浇混凝土，各施工过程在各施工段所花时间见表 1-14，没有间歇时间和搭接时间，试编制流水施工进度计划表并计算工期。

表 1-14　持续时间　　　　　　　　　　　　　　　　单位：d

施工过程	柱1	柱2	柱3	柱4
绑钢筋	2	1	3	1
支模板	3	2	2	2
浇混凝土	1	3	2	1

【解析】　编制无节奏流水施工施工进度计划的关键是计算流水步距，计算流水步距的方法为"累加数列、错位相减、取大差"，具体计算如下：

（1）累加数列：将每个施工过程在各施工段上的流水节拍进行累加；

（2）错位相减：将相邻两个施工过程错位，下一个施工过程向后错一位，竖向相减；

（3）取大差：在相减的结果中取最大的数值，即为此两个施工过程之间的流水步距。

本题计算流水步距：

$$\begin{array}{r} 2\quad 3\quad 6\quad 7\quad\ \\ -\quad\ 3\quad 5\quad 7\quad 9 \\ \hline 2,0,1,0,-9 \end{array}$$ 取大差，所以 $K_{12}=2$

$$\begin{array}{r} 3\quad 5\quad 7\quad 9\quad\ \\ -\quad\ 1\quad 4\quad 6\quad 7 \\ \hline 3,4,3,3,-7 \end{array}$$ 取大差，所以 $K_{23}=4$

根据计算的流水步距可以计算工期 $T=\sum K+\sum t_n+\sum J-\sum D=2+4+7=13(\text{d})$，绘制施工进度计划见表 1-15。

表 1-15　施工进度计划表

施工过程名称	施工进度/d												
	1	2	3	4	5	6	7	8	9	10	11	12	13
绑钢筋		①	②		③		④						
支模板				①			②		③		④		
浇混凝土							①		②			③	④

表 1-16 "世纪大桥"工程——横道图

编号	项目名称	单位	工程量	班组数量	班组产量	每周产量	工期	一月份				二月份				三月份				四月份				五月份			
								1	2	3	4	5	6	7	8	9	10	11	12	13	14	15	16	17	18	19	20
1																											
2																											
3																											
4																											
5																											
6																											
7																											
8																											
9																											
10																											
11																											
12																											
13																											
14																											
15																											
16																											
17																											
18																											
19																											
20																											
21																											
22																											
23																											
24																											

模块二 网络计划编制技能训练

本模块导读：

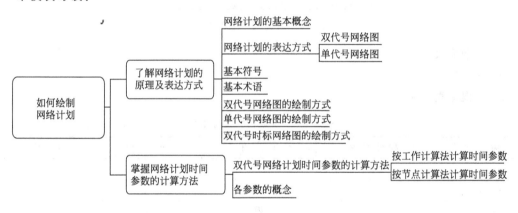

任务一 编制"凯旋门"工程的网络计划

【任务说明】

一、背景

施工方为了确保合同工期，通过编制工程项目网络计划图来达到控制工程进度的目的。

二、目标

1. 能力目标

(1) 根据施工图纸和各个工作间的逻辑关系，能够正确绘制网络图。

(2) 能够运用**广联达梦龙网络计划编制系统软件**编制"凯旋门"工程的网络计划。

2. 知识目标

(1) 掌握双代号网络图的基本组成要素；

（2）掌握双代号网络图基本要素的表达方法；

（3）掌握双代号网络计划的绘制原则和方法。

三、形式

在实施环节中，可进行单人实训，也可进行团队实训。

四、资料

1. 工程概况

"凯旋门"工程结构图如图 2-1 所示。

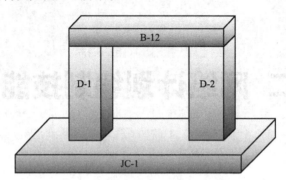

图 2-1 "凯旋门"工程结构图

2. 工期要求

11 周。

3. 工程量表（见表 2-1）

表 2-1 "凯旋门"工程量表

编　号	构件名称	工　序	单　位	工 程 量
JC-1	基础			
JC-1-1		绑钢筋	t	5
JC-1-2		支模板	m²	5
JC-1-3		浇筑混凝土	m³	10
D-1	墩-1			
D-1-1		绑钢筋	t	5
D-1-2		支模板	m²	5
D-1-3		浇筑混凝土	m³	10
D-2	墩-2			
D-2-1		绑钢筋	t	5
D-2-2		支模板	m²	5
D-2-3		浇筑混凝土	m³	10
B-12	板-12			
B-12-1		支模板	m²	5
B-12-2		绑钢筋	t	5
B-12-3		浇筑混凝土	m³	10

注：见模块一中的任务一。

4. 市场资源情况（见表 2-2）

表 2-2 "凯旋门"市场资源情况

劳务班组工种	生产能力	市场最多可供应数量
钢筋劳务班组	5t/（周·班组）	3 个班组
模板劳务班组	5m²/（周·班组）	3 个班组
混凝土劳务班组	10m³/（周·班组）	3 个班组

【任务实施】

（1）根据工程资料列出"凯旋门"工程各个构件之间的施工顺序。

（2）根据工程资料了解各个构件中施工过程的顺序，并确定各个施工过程的持续时间。

（3）运用**广联达梦龙网络计划编制系统软件**编制"凯旋门"工程的双代号网络计划图。操作步骤如下：

① 新建工程 右键单击打开"广联达梦龙网络计划编制系统"（或者双击桌面的快捷方式打开）（如图 2-2 所示）→单击左上角"新网络图"会弹出名为"网络计划一般属性"的对话框（如图 2-3 所示），对该项目进行一般属性的设置即可。

② 添加基础部分工作项 点击界面网络计划编辑条中的"添加"→在右边的操作界面中双击鼠标后会弹出一个名为"工作信息卡"的对话框，设置该工程第一项工作的"中文名称"和"持续时间"（如图 2-4、图 2-5 所示）。

点击"确定"后，完成了第一项工作的绘制，接下来双击节点 2，也会弹出"工作信息卡"，同上述操作一样，设置该工程第二项工作的"中文名称"和"持续时间"。按照上述操作，可以完成整个"凯旋门"工程中基础部分所有工作项的绘制（如图 2-6 所示）。

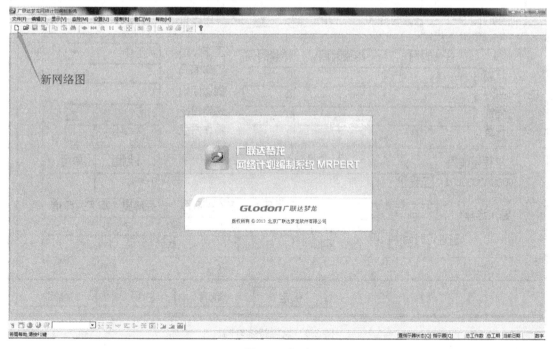

图 2-2 打开

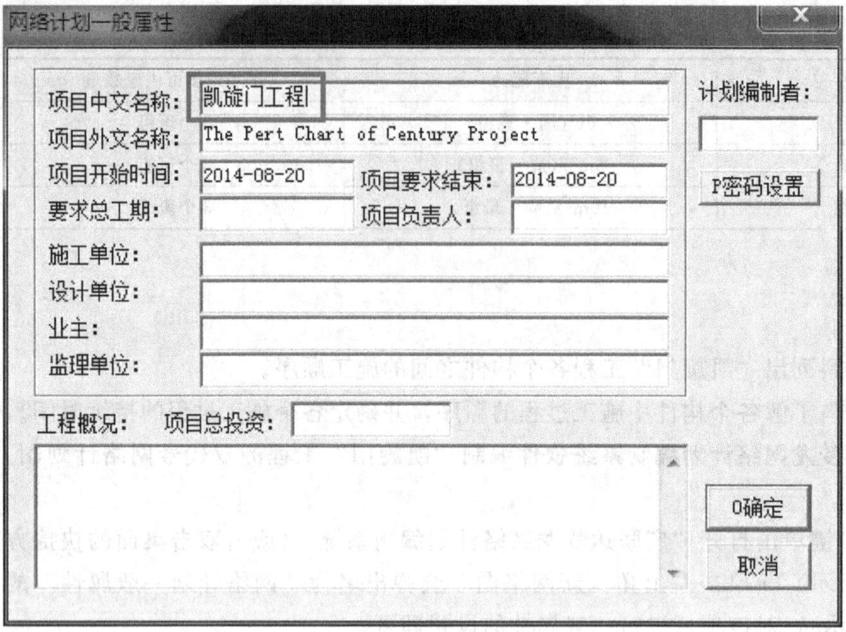

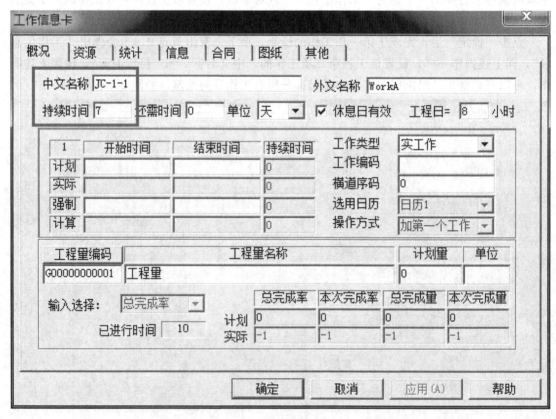

图 2-3 一般属性

图 2-4 点"添加"

图 2-5 设置持续时间

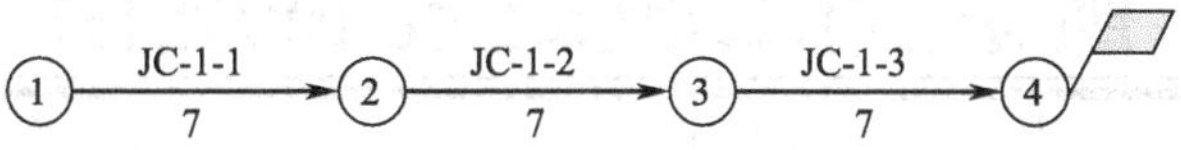

$$①\xrightarrow[7]{JC\text{-}1\text{-}1}②\xrightarrow[7]{JC\text{-}1\text{-}2}③\xrightarrow[7]{JC\text{-}1\text{-}3}④$$

图 2-6　绘制完成

温馨提示：在使用**广联达梦龙网络计划编制系统**绘制网络图的过程中，涉及的软件操作，如：删除、修改以及工作项颜色和线宽的定义等，读者可以通过与教材配套的软件操作视频进行学习，在这里就不做过多的赘述了。

（3）添加墩部分工作项　可以按照基础部分工作项的添加方法逐项添加，也可以利用软件的"引入"功能进行快速添加，墩 1 部分所有工作项绘制完成后（如图 2-7 所示），紧接着是墩 2 部分的绘制，按照【任务实施】第一步中确定的墩 1 和墩 2 的施工顺序进行绘制。

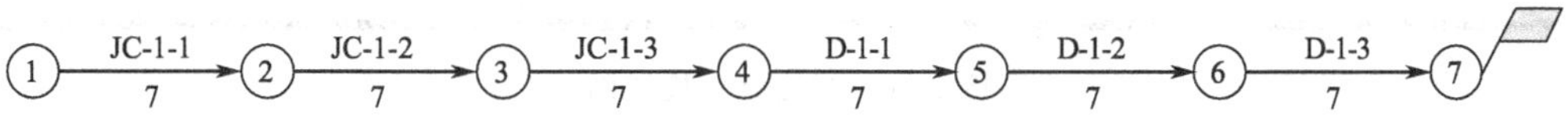

$$①\xrightarrow[7]{JC\text{-}1\text{-}1}②\xrightarrow[7]{JC\text{-}1\text{-}2}③\xrightarrow[7]{JC\text{-}1\text{-}3}④\xrightarrow[7]{D\text{-}1\text{-}1}⑤\xrightarrow[7]{D\text{-}1\text{-}2}⑥\xrightarrow[7]{D\text{-}1\text{-}3}⑦$$

图 2-7　绘制"墩"

温馨提示：在墩 1 和墩 2 的绘制过程中，可能存在三种施工顺序，分别为依次施工、平行施工、流水施工。在依次施工和平行施工的绘制过程中仍然会涉及软件的"引入"功能，在流水施工过程中会涉及软件的"流水"功能，读者可以通过视频学习这些功能具体的操作，然后完成"凯旋门"工程中基础、墩 1 和墩 2 三部分网络图的编制。

（4）添加板部分工作项　当墩 1 和墩 2 全部绘制完成后，才可以进行板部分工作项的绘制。

温馨提示：在板 12 的绘制过程中，施工顺序发生了变化，在板 12 整个部分的绘制过程中会涉及软件的"引入"和"交换"功能。通过观看视频，完成"凯旋门"工程网络图的绘制。

4. 运用广联达梦龙网络计划编制系统软件编制"凯旋门"工程的横道图

（1）网络图转换为横道图　点击界面下方的"网图格式设置条"中的"横道网络图"（如图 2-8 所示）。

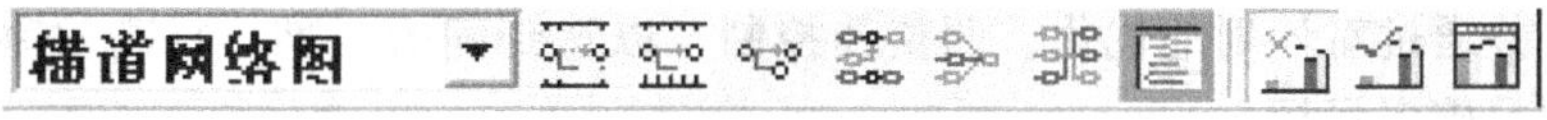

图 2-8　点击横道网络图

（2）横道图调整　点击界面左侧"起始"状态进行横道图的初步排序，然后点击界面下方的"横道图格式"进行调整（如图 2-9 所示）。

图 2-9　调整横道图格式

温馨提示：通过观看视频完成"凯旋门"工程横道图的调整，图 2-10 为采用流水施工的横道图。

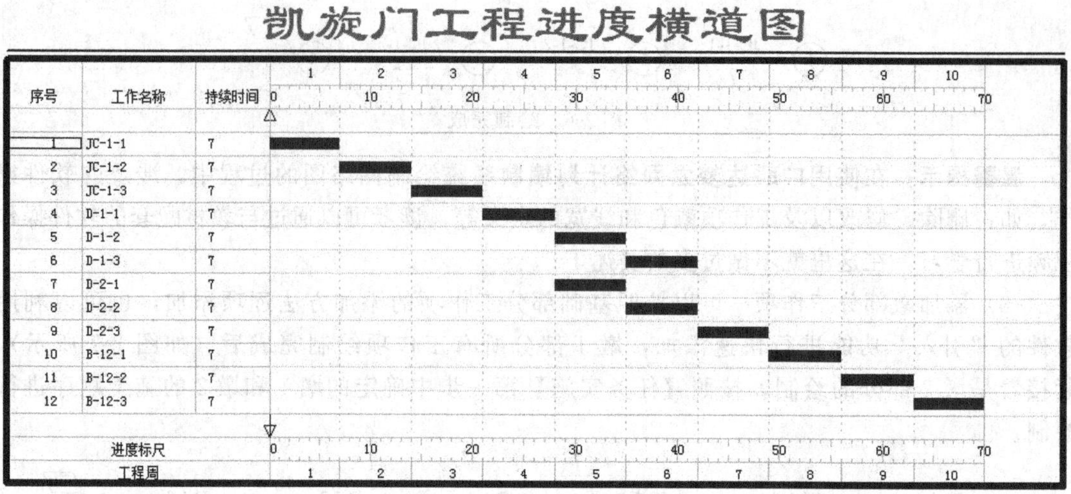

凯旋门工程进度横道图

图 2-10　进度计划横道图

【任务总结】

请回顾一下整个实施过程，思考下列问题：

（1）能力目标和知识目标是否完成？如果没有完成，还需做哪些工作？

（2）整个任务过程中涉及哪些知识点？请做罗列。这些知识点是否理解并掌握？

（3）组织施工的方式有哪几种？试分析各种施工顺序的优劣势及适用场景。

（4）试对比"凯旋门"工程的两种进度计划的表示方式——双代号网络图和横道图，分析各自的特点及优劣势。

【核心知识：网络计划的原理及表达方式】

网络计划方法的基本原理是：首先应用网络图形来表达一项计划（或工程）中各项工作的开展顺序及其相互间的关系，然后通过计算找出计划中的关键工作及关键线路，继而通过不断改进网络计划，寻求最优方案，并付诸实施；最后在执行过程中进行有效的控制和监督。在建筑施工中，网络计划方法主要是用来编制工程项目施工的进度计划和建筑施工企业的生产计划，并通过对计划的优化、调整和控制，以达到缩短工期、提高效率、节约劳力、降低消耗的项目施工目标。

工程网络计划的编制步骤：熟悉施工图纸，研究原始资料，分析施工条件；分解施工过程，明确施工顺序，确定工作名称和内容；拟定施工方案，划分施工段；确定工作持续时间；绘制网络图；网络图各项时间参数计算；网络计划的优化；网络计划的修改与调整。

1. 网络计划基本概念

（1）网络图　是由箭线和节点按照一定规则组成的、用来表示工作流程的、有向有序的网状图形。

（2）网络计划　用网络图表达任务构成、工作顺序并加注工作的时间参数的进度计划。

（3）网络计划技术　用网络计划对工程的进度进行安排和控制，以保证实现预定目标的科学的计划管理技术。

2. 网络图的表达方式

网络图按节点和箭线所代表的含义不同，可分为双代号网络图（含双代号时标网络图）

和单代号网络图两大类。

（1）双代号网络图 以箭线及其两端节点的编号表示工作的网络图称为双代号网络图。即用两个节点一根箭线代表一项工作，工作名称写在箭线上面，工作持续时间写在箭线下面，在箭线前后的衔接处画上节点编上号码，并以节点编号 i 和 j 代表一项工作，如图2-11所示。

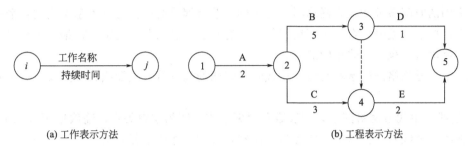

(a) 工作表示方法   (b) 工程表示方法

图2-11 双代号网络图的表示方法

（2）单代号网络图 以节点及其编号表示工作，以箭线表示工作之间的逻辑关系的网络图称为单代号网络图。即每一个节点表示一项工作，节点所表示的工作名称、持续时间和工作代号等标注在节点内，有时工作名称和工作代号只标注其一，其表示方法如图2-12所示。

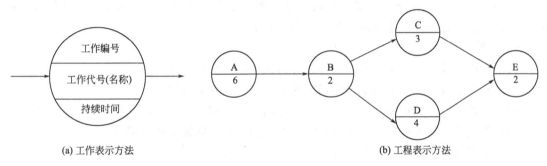

(a) 工作表示方法   (b) 工程表示方法

图2-12 单代号网络图的表示方法

3. 基本符号

（1）双代号网络图的基本符号 双代号网络图的基本符号是箭线、虚箭线、节点及节点编号。

① 箭线 网络图中一端带箭头的实线即为箭线，在双代号网络图中，它与其两端的节点表示一项工作。一根箭线表示一项工作或表示一个施工过程；一根箭线表示一项工作所消耗的时间和资源，分别用数字标注在箭线的下方和上方；在无时间坐标的网络图中，箭线的长度不代表时间的长短，画图时原则上是任意的，但必须满足网络图的绘制规则。在有时间坐标的网络图中，其箭线的长度必须根据完成该项工作所需时间长短按比例绘制。箭线的方向表示工作进行的方向和前进的路线，箭尾表示工作的开始，箭头表示工作的结束；箭线可以画成直线、折线和斜线。

② 虚箭线 实际工作中不存在的一项虚设工作，因此一般不占用资源也不消耗时间，虚箭线用于正确表达工作之间的逻辑关系。

③ 节点 网络图中箭线端部的圆圈或其他形状的封闭图形就是节点。节点表示前面工作结束和后面工作开始的瞬间，所以节点不需要消耗时间和资源；箭线的箭尾节点表示该工作的开始，箭线的箭头节点表示该工作的结束；根据节点在网络图中的位置不同可以分为起

点节点、终点节点和中间节点。起点节点是网络图的第一个节点，表示一项任务的开始。终点节点是网络图的最后一个节点，表示一项任务的完成。除起点节点和终点节点以外的节点称为中间节点，中间节点都有双重的含义，既是前面工作的箭头节点，也是后面工作的箭尾节点。

④ 节点编号　网络图中的每个节点都有自己的编号，以便赋予每项工作以代号，便于计算网络图的时间参数和检查网络图是否正确。节点编号必须满足以下基本规则：箭头节点编号大于箭尾节点编号；在一个网络图中，所有节点不能出现重复编号；编号的号码可以按自然数顺序进行，也可以非连续编号。

(2) 单代号网络图的基本符号　单代号网络图的基本符号是箭线、节点及节点编号、虚拟节点。

① 箭线　单代号网络图中，箭线表示紧邻工作之间的逻辑关系，箭线应画成水平直线、折线或斜线。箭线水平投影的方向应自左向右，表达工作的进行方向。

② 节点　单代号网络图中每一个节点表示一项工作。节点所表示的工作名称、持续时间和工作代号等应标注在节点内。

③ 节点编号　单代号网络图的节点编号是赋予每项工作的代号，由于单代号网络图中工作名称和节点编号都编辑在同一节点内，有时两者可以只标注其一。

④ 虚拟节点　当网络图有多个开始节点或多个结束节点时，需要增设虚拟开始节点或虚拟结束节点作为整个网络图的开始节点和结束节点。

4. 术语

(1) 内向箭线　指向某个节点的箭线称为该节点的内向箭线。

(2) 外向箭线　从某节点引出的箭线称为该节点的外向箭线。

(3) 起始节点　即第一个节点，它只有外向箭线（即箭头离向接点）。

(4) 终点节点　即最后一个节点，它只有内向箭线（即箭头指向接点）。

(5) 中间节点　即既有内向箭线又有外向箭线的节点。

(6) 线路　即网络图中从起始节点开始，沿箭头方向通过一系列箭线与节点，最后达到终点节点的通路，称为线路。一个网络图中一般有多条线路，线路可以用节点的代号来表示，比如①—②—③—⑤—⑥线路的长度就是线路上各工作的持续时间之和。

(7) 关键线路　即总时间最长的线路，一般用双线或粗线标注，网络图中至少有一条关键线路，关键线路上的节点叫关键节点，关键线路上的工作叫关键工作。

(8) 紧前工作　紧排在本工作之前的工作称为本工作的紧前工作。本工作和紧前工作之间可能有虚工作。

(9) 紧后工作　紧排在本工作之后的工作称为本工作的紧后工作。本工作和紧后工作之间可能有虚工作。

(10) 平行工作　可与本工作同时进行的工作称为本工作的平行工作。

(11) 逻辑关系　工作之间相互制约或依赖的关系称为逻辑关系。工作之间的逻辑关系包括工艺关系和组织关系。工艺关系是指生产工艺上客观存在的先后顺序关系，或者是非生产性工作之间由工作程序决定的先后顺序关系，工艺关系是不能随意改变的。例如，建筑工程施工时，先做基础，后做主体；先做结构，后做装修。组织关系是指在不违反工艺关系的前提下，人为安排的工作的先后顺序关系。组织顺序可以根据具体情况，按安全、经济、高效的原则统筹安排。例如，建筑群中各个建筑物的开工顺序的先后；施工对象的分段流水作业等。

（12）母线法　即使多条箭线经一条共用的母线线段从起始节点引出或使多条箭线经一条共用的母线线段引入终点节点。当网络图的起始节点有多条外向箭线或终点节点有多条内向箭线时，为使图形简洁，可使用母线法。

5. 双代号网络图的绘制

（1）绘图原则　必须正确表达已定的逻辑关系（受人员、工作面、施工顺序等要求的制约）；在一个网络图中只能有一个起始节点，一个终点节点；严禁出现循环回路；不允许出现相同编号的工作；不允许有双箭头的箭线和无箭头的线段；严禁有无箭尾节点或无箭头节点的箭线；绘制网络图时，箭线不宜交叉；当交叉不可避免时，可用过桥法或指向法（如图 2-13 所示）。

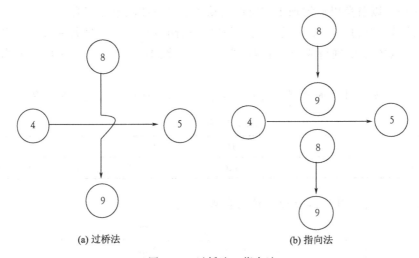

图 2-13　过桥法、指向法

（2）绘图方法　当已知每一项工作的紧前工作时，可按下述步骤绘制双代号网络图：

① 绘制没有紧前工作的工作箭线，使它们具有相同的开始节点，以保证网络图只有一个起始节点。

② 依次绘制其他工作箭线。这些工作箭线的绘制条件是其所有紧前工作箭线都已经绘制出来。在绘制这些工作箭线时，应按下列原则进行：当所要绘制的工作只有一项紧前工作时，则将该工作箭线直接画在其紧前工作箭线之后即可。当所要绘制的工作有多项紧前工作时，应按以下四种情况分别予以考虑。

a. 对于所要绘制的工作（本工作）而言，如果在其紧前工作之中存在一项只作为本工作紧前工作的工作（即在紧前工作栏目中，该紧前工作只出现一次），则应将本工作箭线直接画在该紧前工作箭线之后，然后用虚箭线将其他紧前工作箭线的箭头节点与本工作箭线的箭尾节点分别相连，以表达它们之间的逻辑关系。

b. 对于所要绘制的工作（本工作）而言，如果在其紧前工作之中存在多项只作为本工作紧前工作的工作，应先将这些紧前工作箭线的箭头节点合并（如实线合并违反原则，则用虚线合并），再从合并后的节点开始，画出本工作箭线，最后用虚箭线将其他紧前工作箭线的箭头节点与本工作箭线的箭尾节点分别相连，以表达它们之间的逻辑关系。

c. 对于所要绘制的工作（本工作）而言，如果不存在情况 a 和情况 b 时，应判断本工作的所有紧前工作是否都同时作为其他工作的紧前工作（即在紧前工作栏目中，这几项紧前工作是否均同时出现若干次）。如果上述条件成立，应先将这些紧前工作箭线的箭头节点合并后，再从合并后的节点开始画出本工作箭线。

d. 对于所要绘制的工作（本工作）而言，如果既不存在情况 a 和情况 b，也不存在情况 c 时，则应将本工作箭线单独画在其紧前工作箭线之后的中部，然后用虚箭线将其各紧前工作箭线的箭头节点与本工作箭线的箭尾节点分别相连，以表达它们之间的逻辑关系。

③ 当各项工作箭线都绘制出来之后，应合并那些没有紧后工作之工作箭线的箭头节点，以保证网络图只有一个终点节点（多目标网络计划除外）。

④ 当确认所绘制的网络图正确后，即可进行节点编号。网络图的节点编号在满足前述要求的前提下，既可采用连续的编号方法，也可采用不连续的编号方法，如 1、3、5……或 5、10、15……，以避免以后增加工作时而改动整个网络图的节点编号。

以上所述是已知每一项工作的紧前工作时的绘图方法，当已知每一项工作的紧后工作时，也可按类似的方法进行网络图的绘制，只是其绘图顺序由前述的从左向右改为从右向左。

【例 2-1】 已知工作之间的逻辑关系如表 2-3 所示，试绘制双代号网络图。

表 2-3 逻辑关系

工作	A	B	C	D	E	F	H	I	K
紧前工作	—	—	—	ABC	BC	C	E	EF	DE

【解析】 网络图如图 2-14 所示，绘制步骤如下：

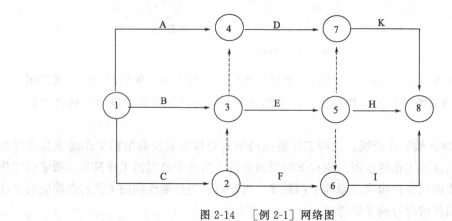

图 2-14 [例 2-1] 网络图

(1) 先画没有紧前工作的工作 A、B、C，三项工作开始于同一个节点；

(2) 画只有一项紧前工作的 F，H 的紧前工作 E 还没有绘制，待 E 绘制后再画 H；

(3) 其他工作都有多项紧前工作，绘制时按照绘图方法中的四种情况考虑：①A 工作只作为 D 工作的紧前工作，F 工作只作为 I 工作的紧前工作，D 工作只作为 K 工作的紧前工作，所以在 A 后面画 D，在 F 后面画 I，在 D 后面画 K；待 D、I、K 工作的紧前工作都绘制好后用虚箭线将逻辑关系绘出；D 工作的紧前工作除了 A 还有 BC，BC 符合③的条件，将 BC 合并，从合并后的节点绘制 E 工作，同时将 BC 的合并节点与 D 工作的开始节点相连表达正确的逻辑关系；把与 E 工作有关的逻辑关系也用虚箭线相连；

(4) 将所有结束节点（只有内向箭线的节点）合并，以使网络图只有一个结束节点；

（5）按照节点编号的基本原则给网络图中各节点编号。

6. 单代号网络图的绘制

单代号网络图的绘图规则与双代号网络图的绘图规则基本相同，主要区别在于：当网络图中有多项开始工作时，应增设一项虚拟的工作（St），作为该网络图的起始节点；当网络图中有多项结束工作时，应增设一项虚拟的工作（Fin），作为该网络图的终点节点；单代号网络图中没有虚箭线。

【例 2-2】 按照［例 2-1］的工程条件，绘制单代号网络图。

【解析】 网络图如图 2-15 所示，绘制步骤如下：

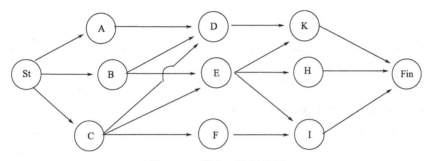

图 2-15　［例 2-2］网络图

（1）因为 A、B、C 三项工作没有紧前工作，所以三项工作同时开始，需要增设虚拟起始节点 St，在 St 后面绘制 A、B、C 三项工作；

（2）根据逻辑关系，从 A、B、C 三项工作分别绘制箭线同时指向 D 工作，从 B、C 两项工作分别绘制箭线同时指向 E 工作，从 C 工作绘制箭线指向 F 工作；

（3）从 E 工作引出箭线绘制 H 工作，分别从 E、F 引出箭线绘制 I 工作，分别从 D、E 引出箭线绘制 K 工作；

（4）H、I、K 三项工作同为结束工作，需要增设虚拟的结束节点 Fin。

7. 双代号时标网络图的绘制

双代号时标网络图是以水平时间坐标为尺度编制的网络计划，时标网络计划中应以实箭线表示工作，以虚箭线表示虚工作，以波形线表示工作的自由时差。按节点最早时间绘制的网络图为早时标网络图，按节点最迟时间绘制的网络图为迟时标网络图。

（1）双代号时标网络图的一般规定

① 双代号时标网络图必须以水平时间坐标为尺度表示工作时间。时标的时间单位应根据需要在编制网络计划之前确定，可为时、天、周、月或季。

② 时标网络图中所有符号在时间坐标上的水平投影位置，都必须与其时间参数相对应，节点中心必须对准相应的时标位置。

③ 时标网络图中虚工作必须以逻辑关系方向的虚箭线表示，自由时差用波形线表示。

（2）双代号时标网络图的编制方法

在编制时标网络图之前，应先按已确定的时间单位绘制出时标计划表，时标网络计划宜按各项工作的最早开始时间编制。把表示各项工作的箭线按照先后顺序及逻辑关系由上至下、由左至右排列画出图；再给节点统一编号，节点 1 表示整个计划的开始（总开工），节点的最大数码 n 表示计划结束（总完工），节点从小到大编号。

【例 2-3】 把图 2-16 所示双代号网络图绘制成双代号时标网络图。

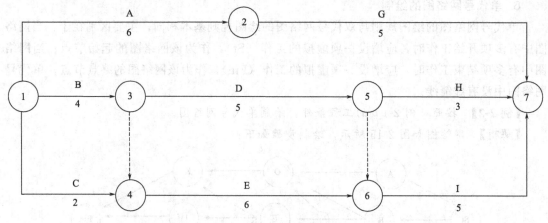

图 2-16 ［例 2-3］网络图

【解析】 双代号时标网络图如图 2-17 所示。

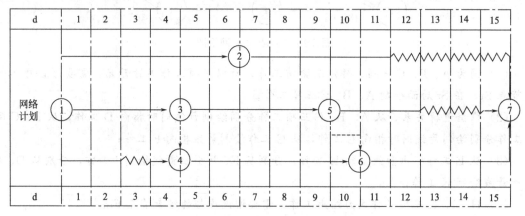

图 2-17 ［例 2-3］双代号时标网络图

任务二 计算某网络图的时间参数并找出关键线路

【任务说明】

一、背景

施工方为确保合同工期，通过计算网络图的时间参数，确定关键线路，缩短关键线路的工期从而达到进度优化。

二、目标

1. 能力目标

能计算网络计划的各项参数，确定关键工作和关键线路。

2. 知识目标

(1) 掌握双代号网络时间参数的计算方法；

(2) 掌握双代号网络图中关键线路的判定方法。

三、 形式

在实施环节中，可进行单人实训，也可进行团队实训。

四、 资料

网络图如图 2-18 所示。

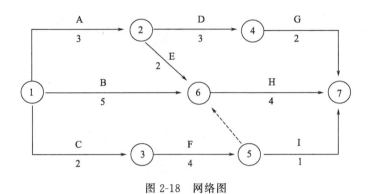

图 2-18　网络图

【任务实施】

（1）计算该网络的各节点时间参数和各工作时间参数，找出关键工作和关键线路，并指出计算工期。

（2）掌握各参数的概念和计算方式。

（3）可使用**广联达梦龙网络计划编制系统**绘制该网络图，绘制结果【逻辑网络图】如图 2-19 所示。

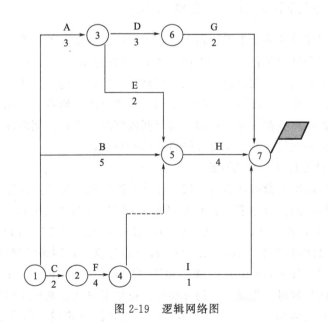

图 2-19　逻辑网络图

（4）切换为【时标逻辑图】，如图 2-20 所示。

（5）请在图 2-20 中找出关键工作和关键线路。

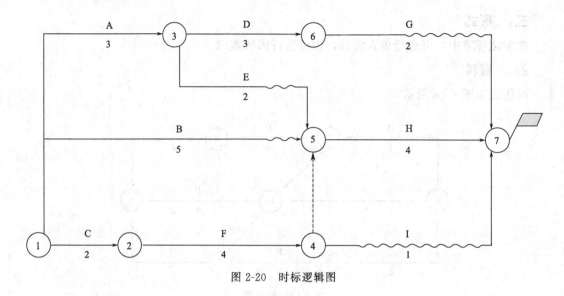

图 2-20　时标逻辑图

【任务总结】

请回顾一下整个实施过程，思考下列问题：

(1) 能力目标和知识目标是否完成？如果没有完成，还需做哪些工作？

(2) 节点时间参数有哪几种？工作时间参数有哪几种？线路时间参数有哪几种？

(3) 关键工作是怎么判定的？关键线路又是怎样找到的？

(4) 通过软件绘图，对比手工绘制，又有哪些优点？

【核心知识：网络计划时间参数的计算】

网络计划的时间参数是确定工程计划工期，确定关键线路、关键工作的基础，也是判定非关键工作机动时间和进行优化，计划管理的依据。网络图时间参数计算目的：确定关键线路和关键工作，便于施工中抓住重点，向关键线路要时间；明确非关键工作及其在施工中时间上有多大的机动性，便于挖掘潜力，统筹全局，部署资源；确定总工期，做到对工程进度心中有数。时间参数计算应在各项工作的持续时间确定之后进行。网络计划时间参数的计算分为双代号网络时间参数的计算和单代号网络时间参数的计算。

1. 双代号网络计划时间参数的计算

双代号网络计划时间参数的计算有"按工作计算法"和"按节点计算法"两种。按工作计算法，网络计划的时间参数主要有：最早开始时间 ES（Early start）、最早完成时间 EF（Early finish）、最迟开始时间 LS（Late start）、最迟完成时间 LF（Late finish）、总时差 TF（Total float）、自由时差 FF（Free float）。按节点计算法，网络计划的时间参数主要有：节点最早时间 ET（Early event time）、节点最迟时间 LT（Late event time）。

在计算各种时间参数时，规定工作的开始时间或结束时间都是指时间终了时刻。如某工作的开始（或完成）时间为第 5 天，是指第 5 个工作日的下班时，即第 6 个工作日的上班时。在计算中，规定网络计划的起始工作从第 0 天开始，实际上指的是第 1 个工作日上班时开始。

(1) 按工作计算法计算时间参数　工作计算法是指以网络计划中的工作为对象，直接计算各项工作的时间参数。计算程序如下。

① 工作最早开始时间和工作最早完成时间的计算　工作的最早开始时间是指其所有紧前工作全部完成后，本工作最早可能的开始时刻。工作最早完成时间等于其最早开始时间与该工作持续时间之和。工作的最早开始时间和工作最早完成时间均应从网络计划的起始节点开始，顺着箭线方向自左向右依次逐项计算，直到终点节点为止。这两个时间参数的计算必须先计算其紧前工作，然后再计算本工作。以网络计划的起点为开始节点的工作，如果没有规定最早开始时间，那么最早开始时间为 0，其他工作的最早开始时间为其紧前工作的最早完成时间的最大值，其他工作最早完成时间为其他工作最早开始时间加上其持续时间。

② 工作最迟开始时间和最迟完成时间的计算　工作的最迟完成时间是指在不影响工程工期的条件下，该工作必须完成的最迟时间。工作的最迟完成时间和最迟开始时间均应从网络计划的终点节点开始，逆着箭线方向自右向左依次进行计算，直到起始节点为止。这两个时间参数的计算必须先计算其紧后工作，然后再计算本工作。以网络计划的终点为完成节点的工作的最迟完成时间等于网络计划的计划工期，最迟开始时间等于最迟完成时间减去持续时间。其他工作的最迟完成时间等于其紧后工作的最迟开始时间的最小值，其他工作的最迟开始时间等于最迟完成时间减去持续时间。

【注】计算工期（T_c），指根据时间参数计算得到的工期，即以结束节点为完成节点的工作最早完成时间的最大值；要求工期（T_r），指任务委托人提出的指令性工期；计划工期（T_p），是指根据要求工期和计算工期所确定的作为实施目标的工期。当未规定要求工期时，可取计划工期等于计算工期；当已规定要求工期时，则计划工期不应超过要求工期。

③ 工作总时差的计算　工作总时差是在不影响工期的前提下，一项工作所拥有的机动时间的极限值。总时差等于一项工作的最迟开始时间减去最早开始时间，或者最迟完成时间减去最早完成时间。

④ 工作自由时差的计算　工作自由时差是指在不影响其紧后工作最早开始时间的前提下可以机动的时间。这时工作活动的时间范围被限制在本工作最早开始时间与其紧后工作的最早开始时间之间，从这段时间中扣除本工作的持续时间后所剩余时间的最小值，即为自由时差。对于有紧后工作的工作，自由时差等于该工作的紧后工作的最早开始时间减去本工作的最早完成时间的最小值。对于没有紧后工作的工作（即以网络计划的终点为完成节点的工作），自由时差等于网络计划的计划工期减去本工作的最早完成时间。

【注】工作的自由时差是该工作总时差的一部分，当其总时差为零时，其自由时差也必然为零。

⑤ 工作计算法的图上标注的方式　工作计算法一般直接在图上进行标注，计算结果标注在箭线之上，标注方式（即六时标形式）如图 2-21 所示：

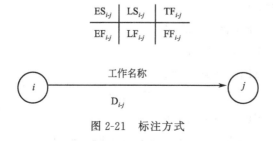

图 2-21　标注方式

⑥ 找关键工作和关键线路 根据网络计划的时间参数计算的结果，即可判别关键工作和关键线路：网络计划中总时差最小的工作为关键工作，当网络计划的计划工期与计算工期相等时，总时差为 0 的工作是关键工作。将这些关键工作的首尾相连，便至少形成一条从起点到终点节点的通路，通路上各项工作持续时间总和最大的就是关键线路。

【例 2-4】 已知某工程项目网络计划如图 2-22 所示，试用工作计算法在图上计算其工作的时间参数，并找出关键线路。

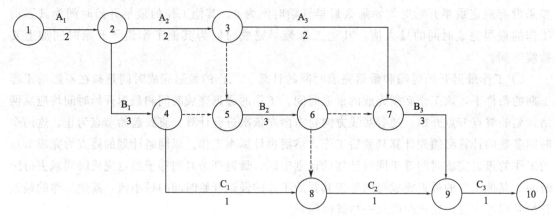

图 2-22 某工程项目网络计划

【解析】 计算结果图上标注如图 2-23，计算步骤如下：

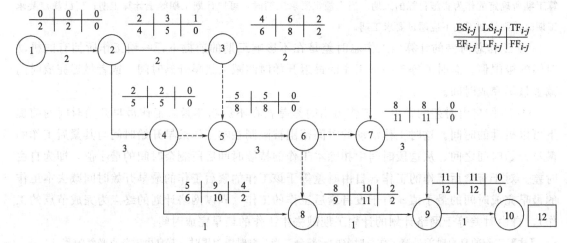

图 2-23 标注图

（1）从节点 1 开始顺着箭线计算各项工作的最早开始时间和最早完成时间：

$ES_{1-2}=0$；$EF_{1-2}=0+2=2$

$ES_{2-3}=EF_{1-2}=2$；$EF_{2-3}=2+2=4$

$ES_{2-4}=EF_{1-2}=2$；$EF_{2-4}=2+3=5$

$ES_{3-7}=EF_{2-3}=4$；$EF_{3-7}=4+2=6$

$ES_{5-6}=\max\{EF_{2-3}, EF_{2-4}\}=5$；$EF_{5-6}=5+3=8$

$ES_{4-8}=EF_{2-4}=5$；$EF_{4-8}=5+1=6$

$ES_{7-9}=\max\{EF_{3-7}, EF_{5-6}\}=8$；$EF_{7-9}=8+3=11$

$ES_{8-9}=\max \{EF_{4-8}, EF_{5-6}\}=8$；$EF_{8-9}=8+1=9$

$ES_{9-10}=\max \{EF_{7-9}, EF_{8-9}\}=11$；$EF_{9-10}=11+1=12$

（2）据以上计算可知计算工期 $T_c=12$。

（3）从节点10逆着箭线计算各项工作的最迟完成时间和最迟开始时间：

$LF_{9-10}=T_p=T_c=12$；$LS_{9-10}=12-1=11$

$LF_{8-9}=LS_{9-10}=11$；$LS_{8-9}=11-1=10$

$LF_{7-9}=LS_{9-10}=11$；$LS_{7-9}=11-3=8$

$LF_{3-7}=LS_{7-9}=8$；$LS_{3-7}=8-2=6$

$LF_{5-6}=\min \{LS_{7-9}, LS_{8-9}\}=8$；$LS_{5-6}=8-3=5$

$LF_{4-8}=LS_{8-9}=10$；$LS_{4-8}=10-1=9$

$LF_{2-3}=\min \{LS_{3-7}, LS_{5-6}\}=5$；$LS_{2-3}=5-2=3$

$LF_{2-4}=\min \{LS_{4-8}, LS_{5-6}\}=5$；$LS_{2-4}=5-3=2$

$LF_{1-2}=\min \{LS_{2-3}, LS_{2-4}\}=2$；$LS_{1-2}=2-2=0$

（4）计算各项工作的总时差（$TF_{i-j}=LF_{i-j}-EF_{i-j}=LS_{i-j}-ES_{i-j}$）：

$TF_{1-2}=0$；$TF_{2-3}=1$；$TF_{2-4}=0$；$TF_{3-7}=2$；$TF_{5-6}=0$；$TF_{4-8}=4$；$TF_{7-9}=0$；$TF_{8-9}=2$；$TF_{9-10}=0$

（5）计算各项工作的自由时差。当其总时差为零时，其自由时差也必然为零，所以 $FF_{1-2}=0$，$FF_{2-4}=0$，$FF_{5-6}=0$，$FF_{7-9}=0$，$FF_{9-10}=0$。其他工作的自由时差分别为：

$FF_{2-3}=\min \{ES_{3-7}-EF_{2-3}, ES_{5-6}-EF_{2-3}\}=0$；$FF_{3-7}=ES_{7-9}-EF_{3-7}=2$

$FF_{4-8}=ES_{8-9}-EF_{4-8}=2$；$FF_{8-9}=ES_{9-10}-EF_{8-9}=2$

（6）关键线路为1—2—4—5—6—7—9—10，图上用粗线标注。

（2）按节点计算法计算时间参数　节点计算法是以节点为讨论对象，先计算节点的最早时间和最迟时间，再据之计算出六个时间参数。节点计算法也可在图上直接进行计算，它的计算次序如下。

① 节点最早时间的计算　在双代号网络计划中，节点时间是工作持续时间的开始或完成时刻的瞬间。节点的最早时间是指该节点后各项工作统一的最早开始时间，以 ET_i 表示。节点的最早时间应从网络计划的起始节点开始，顺着箭线方向逐个计算。网络计划的起始节点的最早时间如无规定时，其值等于零；其他节点的最早时间等于其紧前各工作开始节点的最早时间加上以该节点为起始节点的相应工作的各项工作持续时间之和的最大值。

② 节点最迟时间的计算　节点的最迟时间是指该节点前各内向工作的最迟完成时刻，以 LT_i 表示。应由网络图的终点节点开始，逆着箭线的方向依次逐项计算。终点节点的最迟时间应等于网络计划的计划工期；其他节点的最迟时间等于其紧后各工作完成节点的最迟时间减去各个该节点相应工作的工作持续时间之差的最小值。

【注】工期网络计划的计算工期（T_c）等于其终点节点的最早时间；网络计划的计划工期（T_p）如未规定要求工期，其值等于计算工期。

③ 节点计算法的图上标注方式　节点计算法图上标注方法是节点时间标注在节点之上，标注方式如图2-24所示：

④ 根据节点时间计算工作的六个时间参数　工作的最早开始时间等于该工作开始节点的最早时间；工作的最早完成时间等于该工作的最早开始时间与该工作持续时间之和；工作

图 2-24　节点标注方式

的最迟完成时间等于该工作完成节点的最迟时间；工作的最迟开始时间等于该工作的最迟完成时间与该工作持续时间之差；工作总时差等于该工作完成节点的最迟时间减去该工作开始节点的最早时间和工作持续时间；工作自由时差等于该工作完成节点的最早时间减去该工作开始节点的最早时间和工作持续时间。

【例 2-5】　已知某工程项目网络计划如图 2-25 所示，试用节点计算法在图上计算其节点时间参数。

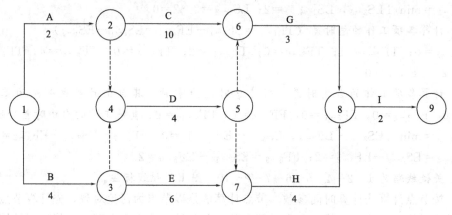

图 2-25　［例 2-5］网络计划图

【解析】　计算结果图上标注如图 2-26 所示，计算步骤如下：

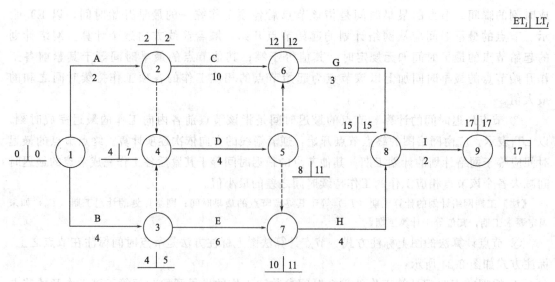

图 2-26　［例 2-5］标注结果

（1）计算节点最早时间：从网络计划的起点节点开始，顺着箭线方向逐个计算。

$ET_1=0$；$ET_2=ET_1+2=2$；$ET_3=ET_1+4=4$；$ET_4=\max\{ET_2,ET_3\}=4$；
$ET_5=ET_4+4=8$

$ET_6=\max\{ET_5,ET_2+10\}=12$；$ET_7=\max\{ET_5,ET_3+6\}=10$

$ET_8=\max\{ET_6+3,ET_7+4\}=15$；$ET_9=ET_8+2=17$

（2）据以上计算可知计算工期 $T_c=17$，计划工期 $T_p=T_c=17$。

（3）计算节点最迟时间：由网络图的终点节点开始，逆着箭线的方向依次逐项计算。

$LT_9=17$；$LT_8=LT_9-2=15$；$LT_7=LT_8-4=11$；$LT_6=LT_8-3=12$；$LT_5=\min\{LT_6,LT_7\}=11$

$LT_4=LT_5-4=7$；$LT_3=\min\{LT_4,LT_7-6\}=5$；$LT_2=\min\{LT_4,LT_6-10\}=2$

$LT_1=\min\{LT_2-2,LT_3-4\}=0$

2. 单代号网络计划时间参数的计算

（1）最早开始时间和最早完成时间　网络计划起始节点所代表的工作，其最早开始时间未规定时取值为0。最早完成时间等于本工作的最早开始时间加上持续时间。其他工作的最早开始时间为其紧前工作最早完成时间的最大值，其他工作的最早完成时间等于本工作的最早开始时间加上持续时间。

（2）工期　网络计划的计算工期等于其终点节点所代表的工作的最早完成时间；当未规定要求工期时，可取计划工期等于计算工期；当已规定要求工期时，则计划工期不应超过要求工期。

（3）相邻两项工作之间的时间间隔　相邻两项工作之间的时间间隔是其紧后工作的最早开始时间与本工作最早完成时间的差值。

（4）总时差　网络计划终点节点所代表的工作的总时差等于计划工期减去计算工期；其他工作的总时差等于本工作与其紧后工作的时间间隔加上其紧后工作的总时差和的最小值。

（5）自由时差　网络计划终点节点所代表的工作的自由时差等于计划工期减去本工作最早完成时间；其他工作的自由时差等于本工作与其紧后工作之间时间间隔的最小值。

（6）最迟开始时间和最迟完成时间　工作的最迟完成时间等于本工作的最早完成时间加上总时差；工作的最迟开始时间等于本工作的最早开始时间加上总时差。

（7）关键工作和关键线路　总时差最小的工作为关键工作，将这些关键工作相连，并保证相邻两项关键工作之间的时间间隔为0而构成的线路就是关键线路。

模块三 施工方案编制技能训练

本模块导读：

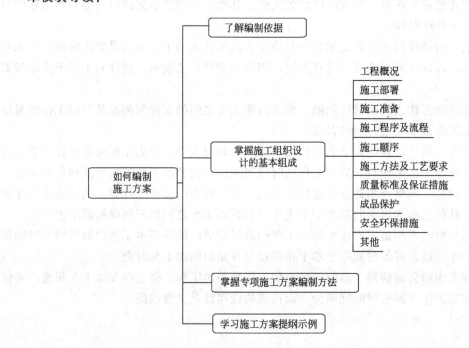

施工方案是以分部（分项）工程或专项工程为主要对象编制的施工技术与组织方案，用以具体指导其施工过程。施工方案是工程施工重要的指导性文件，应在分项工程开工前完成编制审核，编制时应认真、周密地进行调查研究，综合考虑工程现场条件，各种客观情况，设计资料中的建安工程特征和工期，工程的招投标文件和本工程的施工合同以及公司施工能力、经济状况、保障能力等因素。在确保工程质量、施工工期的前提下，有计划、有组织、有目的地进行文明施工安全生产。本项目以几种不同的结构形式为任务，体验并练习施工方案编制的过程。

任务一 编制砖混结构施工方案

【任务说明】

一、背景

由于主体结构为砖混结构，需采用具体的施工方案，以保证工期和工程质量，降低成本。

二、目标

1. 能力目标

(1) 能结合已有资料独立编制一份砖混结构的施工方案；

(2) 能够运用**广联达梦龙快速投标制作系统**编制一份砖混结构的施工方案。

2. 知识目标

(1) 掌握施工方案的组成结构；

(2) 掌握多层砖混结构施工方案的编制方法。

三、形式

在实施环节中，可进行单人实训，也可进行团队实训。

四、资料

略。

【任务实施】

(1) 了解施工方案的基本组成。

(2) 熟悉施工工艺流程。

(3) 参考【核心知识】部分，使用**广联达梦龙快速投标制作系统**编制一份砖混结构的施工方案。

【任务总结】

请回顾一下整个实施过程，思考下列问题：

(1) 能力目标和知识目标是否完成？如果没有完成，还需做哪些工作？

(2) 施工方案的编制依据是什么？施工方案包括哪些内容？

【核心知识：施工方案的相关知识】

1. 施工方案的编制依据

施工方案编制的依据：已批准的施工图和设计变更；已批准的施工组织总设计和专业施工组织设计；施工现场勘察调查得来的资料和信息；施工环境条件；施工验收规范、质量检查验收标准、安全操作规程、施工及机械性能手册、新技术、新设备、新工艺等。在编制施工方案的编制依据章节中描述时，不一定按上述内容一一列举，但主要的编制依据必须描述出来，编制时可以做一简单的选择。

2. 施工方案的内容

（1）工程概况　工程概况应包括工程主要情况、设计简介和工程施工条件等。工程主要情况应包括分部（分项）工程或专项工程名称，工程参建单位的相关情况，工程的施工范围，施工合同、招标文件或总承包单位对工程施工的重点要求，需要解决的技术和要点等；设计简介应主要介绍施工范围内的工程设计内容和相关要求；工程施工条件应重点说明与分部（分项）工程或专项工程相关的内容。

（2）施工部署　施工部署是对项目实施过程做出的统筹规划和全面安排，包括项目施工主要目标、施工顺序及空间组织、施工组织安排等。工程施工目标包括进度质量、安全、环境和成本等目标，各项目标应满足施工合同、招标文件或总承包单位对工程施工的要求；工程施工顺序及施工流水段应在施工安排中确定；针对工程的重点和难点，进行施工安排并简述主要管理和技术措施；工程管理的组织机构及岗位职责应在施工安排中确定并符合相关要求。

（3）施工准备　施工准备工作是为保证工程顺利开工和施工活动正常进行而必须事先做好的各项工作。它不仅存在于开工之前，而且贯穿整个建设工程施工的全过程。按施工准备工作的范围不同进行分类，可分为施工总准备（全场性施工准备）、单项（单位）工程施工条件准备、分部（分项）工程作业条件准备；按工程所处的施工阶段不同进行分类，可分为开工前的施工准备工作、开工后各阶段的施工准备工作。

施工准备工作的内容一般可以归纳为以下几个方面：调查研究与收集资料、技术资料准备、资源准备、施工现场准备、季节施工准备等。调查研究与收集资料主要是向建设单位、勘察设计单位、当地气象台站及有关部门、单位收集资料及有关规定，还要到实地勘测并向当地居民了解情况；自然条件主要调查建设地区的气象、工程地形地质、工程水文地质、周围民宅的坚固程度及其居民的健康状况等项目。技术资料准备主要内容包括：熟悉和会审图纸，编制中标后施工组织设计，编制施工预算等。资源准备主要包括劳动力组织准备、物资准备。施工现场准备包括提供和维修非夜间施工使用的照明、围栏设施；按规定办理施工场地交通、施工噪声以及环境保护和安全生产等的相关手续；做好施工场地地下管线和邻近建筑物、构筑物（包括文物保护建筑）、古树名木的保护工作；建立测量控制网；"七通一平"（在工程用地范围内，接通施工用水、用电、道路、电讯及煤气，施工现场排水及排污畅通和平整场地的工作）、搭设现场生产和生活用的临时设施等。

（4）施工程序和流程　施工程序是指单位工程中各分部工程或施工阶段施工的先后次序及其制约关系。工程施工除受自然条件和物质条件等的制约，同时它在不同阶段的不同的施工过程必须按照其客观存在的、不可违背的先后次序渐进地向前开展，它们之间既相互联系又不可替代，更不容许前后倒置或跳跃施工。在工程施工中，必须遵守先地下、后地上，先主体、后围护，先结构、后装饰，先土建、后设备的一般原则，结合具体工程的建筑结构特征、施工条件和建设要求，合理确定建筑物各楼层、各单元（跨）的施工顺序、施工段的划分，各主要施工过程的流水方向等。施工流程是指单位工程在平面或空间上施工的部位及其展开方向。施工流程主要解决单个建筑物（构筑物）在空间上的按合理顺序施工的问题。单层建筑应分区分段确定平面上的施工起点与流向；多层建筑除要考虑平面上的起点与流向外，还要考虑竖向上的起点与流向。

确定单位工程的施工流程时，应考虑以下几个方面：①建筑物的生产工艺流程或使用要求，如生产性建筑物中生产工艺流程上需先期投入使用的，需先施工。②建设单位对生产和使用的要求。③平面上各部分施工的繁简程度，如地下工程的深浅及地质复杂程度、设备安装工程的技术复杂程度等，工期较长的分部分项工程优先施工。④房屋高低层和高低跨，应从高低层或从高低跨并列处开始施工，例如，在高低层并列的多层建筑物中，应先施工层数多的区段。⑤在高低跨并列的单层工业厂房结构安装时，应从高低跨并列处开始吊装。⑥施工现场条件和施工方案。施工现场场地大小、道路布置和施工方案所采用的施工方法和施工机械也是确定施工流程的主要因素。例如，土方工程施工时，边开挖边余土外运，则施工起点应定在远离道路的一端，由远及近地展开施工。⑦施工组织的分层分段，划分施工层、施工段的部位（如变形缝）也是决定施工流程应考虑的因素。⑧分部工程或施工阶段的特点及其相互关系。例如，基础工程选择的施工机械不同，其平面的施工流程则各异；主体结构工程在平面上的施工流程则无要求，从哪侧开始均可，但竖向施工一般应自下而上施工；装饰工程竖向的施工流程则比较复杂，室外装饰一般采用自上而下的施工流程，室内装饰分别有自上而下、自下而上、自中而下再自上而中三种施工流程。

（5）施工顺序　施工顺序是指分项工程或工序间施工的先后次序，根据如下六个方面来确定：①施工工艺的要求；②施工方法和施工机械的要求；③施工组织的要求；④施工质量的要求；⑤工程所在地气候的要求；⑥安全技术的要求。

（6）施工方法及工艺要求　①明确分部（分项）工程或专项工程施工方法并进行必要的技术核算，对主要分项工程（工序）明确施工工艺要求；②对易发生质量通病、易出现安全问题、施工难度大、技术含量高的分项工程（工序）等应做出重点说明；③对开发和使用的新技术、新工艺以及采用的新材料、新设备应通过必要的试验或论证并制订计划。

（7）质量标准及保证措施　质量标准包括：①主控项目：包括抽检数量、检验方法。②一般项目：包括抽检数量、检验方法和合格标准。保证措施包括：①人的控制：以项目经理的管理目标和职责为中心，配备合适的管理人员；严格实行分包单位的资质审查；坚持作业人员持证上岗；加强对现场管理和作业人员的质量意识教育及技术培训；严格现场管理制度和生产纪律，规范人的作业技术和管理活动行为。②材料设备的控制：原材料、成品、半成品、构配件的采购、材料检验、材料的仓储和使用；建筑设备的选择采购、设备运输、设备检查验收、设备安装和设备调试等。③施工设备的控制：从施工需要和保证质量的要求出发，确定相应类型的性能参数；按照先进、经济合理、生产适用、性能可靠、使用安全的原则选择施工机械；施工过程中配备适合的操作人员并加强维护。④施工方法的控制：采取的技术方案、工艺流程、检测手段、施工程序安排等。⑤环境的控制：包括自然环境的控制、管理环境的控制和劳动作业环境的控制。

（8）成品保护　施工过程中各阶段成品保护的方法和要求及奖惩办法。

（9）安全、环保措施　针对项目特点、施工现场环境、施工方法、劳动组织、作业使用的机械、动力设备、变配电设施、架设工具以及各项安全防护设施等制定确保安全施工、保护环境，防止工伤事故和职业病危害，从技术上采取的预防措施。

（10）其他　对达到一定规模的危险性较大的分部分项工程的施工方案，必须附具详细的计算过程以及安全验算结果。

3. 施工方案的编制方法

在确定施工方案时，首先要知道如何进行施工部署。所谓施工部署，即明确本工程的质量、进度目标和安全指标，项目部现场组织机构设置，主要管理人员安排，施工现场与生产、技术准备情况，任务的具体划分，施工组织计划等。其次才是对施工方案的确定。其步骤如下：

（1）主要按照施工阶段的顺序进行，包括：定位放线、基础、主体、屋面、装饰装修分部工程，列出其中重要的分项工程，如土方开挖与回填、模板、钢筋、混凝土、砖砌体、抹灰等，将这些分项工程的具体规范要求结合质量验收标准较详细地罗列明确。

（2）编制时，要注意把工程所有的分部工程（基础、主体、建筑装饰装修、屋面、给排水、电气等）全部涵盖进去，不要有遗漏。一般大型工程，或超过两层的工程也需要编制脚手架搭设方案、临时用电方案等。

4. 施工方案提纲示例（参考）

编制说明

编制依据

第一章 工程概况

1. 工程设计概况

2. 工程基本情况

3. 工程施工条件

4. 作业环境条件

5. 资源供应情况

6. 对本工程各方面的要求

第二章 施工部署

1. 工程施工目标

1.1 质量目标

1.2 安全指标

1.3 环境目标

1.4 工期目标

2. 施工流水段的划分及施工工艺流程

2.1 施工流水段的划分

2.2 施工工艺流程

3. 施工组织

3.1 施工管理组织机构

3.2 施工人员组织安排

4. 施工准备

4.1 技术准备

4.1.1 工程技术交底、安全交底

4.1.2 熟悉图纸、会审纪要、设计变更、规范、标准、图集等技术资料

4.1.3 测量基准交底、复测及验收

4.1.4 技术工作计划

4.2 施工现场及生产准备

4.2.1 工作面施工准备

4.2.2 工程轴线控制网测量定位及控制桩、控制点的保护

4.2.3 临时供水、供电能保证正常施工要求

4.2.4 生产设施设置

4.2.5　垂直运输设备及脚手架架设

4.3　各种资源的准备

4.3.1　劳动力需用量及进出场计划

4.3.2　材料需用量及进出场计划

4.3.2　机械需用量及进出场计划

第三章　施工方法

根据本工程特点和施工条件，划分为四个施工阶段，即基础、主体阶段、屋面阶段及装修阶段。施工起点流向程序：遵循先地下后地上、先主体后围护、先结构后装潢、先土建后设备安装的原则进行施工。

1. 基础工程

1.1　施工顺序

建筑定位→放线→开挖→（基坑支护）→垫层→墙基→构造柱（GZ）及地圈梁（DQL）→回填土。

1.2　施工工艺方法

1.2.1　土方工程（土方开挖、土方回填）

1.2.2　模板工程（垫层、构造柱、地圈梁）

1.2.3　钢筋工程（构造柱、地圈梁）

1.2.4　混凝土

1.2.5　砖基础

2. 主体工程

2.1　施工顺序

轴线、标高传递→砌筑墙体（矩形柱、构造柱）→屋面现浇板混凝土施工。

2.2　施工工艺方法

2.2.1　砌体工程（砌筑工艺、质量控制）

2.2.2　模板工程（安装、支撑、拆模、质量控制）

2.2.3　钢筋工程（材料、加工、绑扎、验收）

2.2.4　混凝土工程（运输、浇筑、振捣、养护、质量控制）

3. 屋面工程

3.1　施工顺序

3.2　施工工艺方法

3.2.1　找平层

3.2.2　保温防水层

3.2.3　保护层

4. 装饰工程

4.1　施工顺序

4.2　施工工艺方法

4.2.1　内墙装饰

4.2.2　顶棚装饰

4.2.3　楼地面装饰

4.2.4　外墙装饰

5. 门窗工程

主要编制门窗工程的施工工艺方法、现场存放措施、质量控制措施等。

6. 给排水及电气工程

第四章　各种组织措施

1. 质量保证措施

2. 季节施工措施

3. 安全施工保证措施

4. 进度保证措施

5. 文明施工保证措施

6. 降低成本措施

7. 环境、职业健康安全管理保证措施

任务二　编制现浇框架结构施工方案

【任务说明】

一、背景

由于主体结构为现浇框架结构，需采用具体的施工方案，以保证工期和工程质量，降低成本。

二、目标

1. 能力目标

(1) 能结合已有资料独立编制一份现浇框架结构的施工方案；

(2) 能够运用**广联达梦龙快速投标制作系统**编制一份现浇框架结构的施工方案。

2. 知识目标

(1) 掌握施工方案的组成结构；

(2) 掌握现浇框架结构施工方案的编制方法。

三、形式

在实施环节中，可进行单人实训，也可进行团队实训。

四、资料

略。

【任务实施】

(1) 了解施工方案的基本组成。

(2) 熟悉施工工艺流程。

(3) 参考【核心知识】部分，使用**广联达梦龙快速投标制作系统**编制一份现浇框架结构的施工方案。

【任务总结】

请回顾一下整个实施过程，思考下列问题：

（1）能力目标和知识目标是否完成？如果没有完成，还需做哪些工作？

（2）现浇框架结构施工方案与砖混结构施工方案的不同之处，请列举。

【核心知识】

施工方案的相关知识点同本项目任务一相应内容，下面为现浇框架结构施工方案提纲示例（仅供参考）。

编制说明

编制依据

第一章 工程概况

1. 工程设计概况

2. 工程基本情况

3. 工程施工条件

4. 作业环境条件

5. 资源供应情况

6. 对本工程各方面的要求

第二章 施工部署

1. 工程施工目标

1.1 质量目标

1.2 安全指标

1.3 环境目标

1.4 工期目标

2. 施工流水段的划分及施工工艺流程

2.1 施工流水段的划分

2.2 施工工艺流程

3. 施工组织

3.1 施工管理组织机构

3.2 施工人员组织安排

4. 施工准备

4.1 技术准备

4.1.1 工程技术交底、安全交底

4.1.2 熟悉图纸、会审纪要、设计变更、规范、标准、图集等技术资料

4.1.3 测量基准交底、复测及验收

4.1.4 技术工作计划

4.2 施工现场及生产准备

4.2.1 工作面施工准备

4.2.2 工程轴线控制网测量定位及控制桩、控制点的保护

4.2.3 临时供水、供电能保证正常施工要求

4.2.4 生产设施设置

4.2.5 垂直运输设备及脚手架架设

4.3 各种资源的准备

4.3.1　劳动力需用量及进出场计划

4.3.2　材料需用量及进出场计划

4.3.2　机械需用量及进出场计划

第三章　施工方法

框架结构层施工工艺流程：抄平、放线→柱筋制绑（钢筋隐蔽）→支柱模板（模板补缝、复核）→支梁底模板（模板检查、校正、复核）→制绑梁筋（复核）→支梁侧模及板模（模板检查、校正、复核）→制绑板筋（检查、验收、签字）→浇灌柱梁板混凝土，取样（养护）→反复循环进行。

1. 基础工程

1.1　土方工程（土方开挖、土方回填）

1.2　模板工程

1.3　钢筋工程

1.4　混凝土工程

2. 主体工程

2.1　模板工程

2.1.1　模板、支模架选材及支设方法

2.1.1.1　墙柱模板

2.1.1.2　梁模板

2.1.1.3　楼板模板

2.1.1.4　楼梯模板

2.1.2　模板及其支架施工要求

2.1.3　模板的支模程序

2.1.4　模板的构造与安装

2.1.5　模板的拆除

2.2　钢筋工程

2.2.1　钢筋原材的质量要求

2.2.2　钢筋的加工制作

2.2.3　钢筋的绑扎

2.3　混凝土工程

2.3.1　混凝土材料的要求

2.3.2　混凝土施工顺序

2.3.3　混凝土的运输

2.3.4　混凝土的泵送与布料

2.3.5　混凝土的浇筑

2.3.6　混凝土的振捣

2.3.7　保证混凝土顺利浇筑的措施

2.3.8　混凝土的质量检查

2.4　围护砌体工程

2.4.1　材质要求

2.4.2　施工准备

2.4.3　砌体砌筑

2.4.4　构造措施

2.4.5　砌筑工程质量保证技术措施

3.屋面工程

3.1　施工顺序

3.2　施工工艺方法

3.2.1　找平层

3.2.2　保温防水层

3.2.3　保护层

4.装饰工程

4.1　施工顺序

4.2　施工工艺方法

4.2.1　内墙装饰

4.2.2　顶棚装饰

4.2.3　楼地面装饰

4.2.4　外墙装饰

5.门窗工程

主要编制门窗工程的施工工艺方法、现场存放措施、质量控制措施等。

6.给排水及电气工程

第四章　各种组织措施

1.质量保证措施

2.季节施工措施

3.安全施工保证措施

4.进度保证措施

5.文明施工保证措施

6.降低成本措施

7.环境、职业健康安全管理保证措施

任务三　编制装配式钢筋混凝土单层工业厂房工程施工方案

【任务说明】

一、背景

装配式钢筋混凝土单层工业厂房工程，需采用具体的施工方案，以保证工期和工程质量，降低成本。

二、目标

1.能力目标

（1）能结合已有资料独立编制一份装配式钢筋混凝土单层工业厂房工程的施工方案；

（2）能够运用**广联达梦龙快速投标制作系统**编制一份装配式钢筋混凝土单层工业厂房工

程的施工方案。

2. 知识目标

(1) 掌握施工方案的组成结构;

(2) 掌握装配式钢筋混凝土单层工业厂房工程施工方案的编制方法。

三、 形式

在实施环节中,可进行单人实训、也可进行团队实训。

四、 资料

略。

【任务实施】

(1) 了解施工方案的基本组成。

(2) 熟悉施工工艺流程。

(3) 参考【核心知识】部分,使用**广联达梦龙快速投标制作系统**编制一份装配式钢筋混凝土单层工业厂房工程的施工方案。

【任务总结】

请回顾一下整个实施过程,思考下列问题:

(1) 能力目标和知识目标是否完成? 如果没有完成,还需做哪些工作?

(2) 分析本模块中涉及的三种结构的不同点,请做列举。

【核心知识:施工方案的相关知识】

1. 编制依据 (同任务一)

2. 施工方案的内容

(1) 工程概况

① 工程简介。

② 施工准备 准备工作的内容包括:场地检查、基础准备、构件准备和机具准备、技术准备、资源准备等;施工现场已做好七通一平。

场地检查包括如起重机开行道路是否平整坚实,运输方便;构件堆放场地是否平整坚实,起重机回转范围内无障碍物,电源是否接通等。

基础准备:装配式钢筋混凝土柱基础一般设计成杯形基础,且在施工现场就地浇注,柱子采用吊装方式安装至此基础杯口之中,在柱子吊装之前关于基础所做的准备工作。

构件准备:包括检查与清理、弹线与编号、运输与堆放、拼装与加固等。

人员和机具准备:吊装施工期间,劳动力及有关机具满足施工要求。

技术准备、资源准备、七通一平详见任务一中相关内容。

(2) 结构构件吊装工艺 本部分内容需列明各结构构件的吊装工艺及施工方法。

① 柱 柱的安装过程包括绑扎、起吊、就位、临时固定、校正和最后固定等工序。

② 梁 梁的安装内容包括绑扎、起吊、就位、校正和最后固定。

③ 屋架 单层工业厂房的钢筋混凝土结构屋架,一般是在现场平卧叠浇。屋架跨度大,厚度较薄,平面外刚度差,因此吊装过程与其他构件不太一样。屋架吊装过程包括绑扎、扶

直（翻身）、就位、吊升、对位、临时固定、校正和最后固定等。

④ 屋面板 屋面板一般预埋有吊环，用带钩的吊索钩住吊环进行吊装。屋面板的安装顺序，应自檐口两边左右对称地逐块铺向屋脊，避免屋架受力不均。屋面板对位后，立即用电焊固定。

（3）起重机的选择 起重机的选择直接影响构件的吊装方法、起重机开行路线与停机点位置、构件平面布置等问题。首先应根据厂房跨度、构件重量、吊装高度以及施工现场条件和当地现有机械设备等确定机械类型。一般中小型厂房结构吊装多采用自行杆式起重机；当厂房的高度和跨度较大时，可选用塔式起重机吊装屋盖结构。在缺乏自杆式起重机或受地形限制自行杆式起重机难以到达地方时，可采用拔杆吊装。对于大跨度的重型工业厂房，则可选用自行杆式起重机、牵缆式起重机、重型塔吊等进行吊装。

（4）结构吊装方法 根据工程的特点，构件的重量、型号、安装位置及施工现场条件等确定采用何种吊装方法。如分件吊装法，分件吊装法每次吊装基本都是同类构件，可根据构件的重量的安装高度选择不同的起重机，同时，在吊装过程中不需频繁更换锁具，容易操作且吊装速度快。

（5）起重机的开行路线及停机位置 起重机的开行路线与停机位置和起重机的性能、构件尺寸及重量、构件平面布置、构件的供应方式、吊装方法等有关。

当吊装屋架、屋面板等屋面构件时，起重机大多沿跨中开行；当吊装柱时，则视跨度大小、构件尺寸、重量及起重机性能，可沿跨中开行或跨边开行。

当单层工业厂房面积大，或具有多跨结构时，为加速工程进度，可将建筑物划分为若干段，选用多台起重机同时进行施工。每台起重机可以独立作业，负责完成一个区段的全部吊装工作，也可选用不同性能的起重机协同作业，有的专门吊装柱子，有的专门吊装屋盖结构，组织大流水施工。

当厂房具有多跨并列和纵横跨时，可先吊装各纵向跨，以保证吊装各纵向跨时，起重机械、运输车辆畅通。如各纵向跨有高低跨，则应先吊高跨，然后逐步向两侧吊装。

（6）构件的平面布置 单层工业厂房构件的平面布置，是吊装工程中一项很重要的工作。构件布置得合理，可以避免构件在场内的二次搬运，充分发挥起重机械的效率。构件的平面布置，与吊装方法、起重机性能、构件制作方法等有关。故应在确定吊装方法、选择起重机械之后，根据施工现场的实际情况，会同有关土建、吊装施工人员共同研究确定。

构件布置时应注意以下问题：①每跨构件尽可能布置在本跨内，如确有困难时，才考虑布置在跨外而利于吊装的地方；②构件布置方式应满足吊装工艺要求，尽可能布置在起重机的起重半径内，尽量减少起重机负重行驶的距离及起重臂的起伏次数；③应首先考虑重型构件的布置；④构件布置的方式应便于支模及混凝土的浇筑工作，预应力构件尚应考虑有足够的抽管、穿筋和张拉的操作场地；⑤构件布置应力求占地最少，保证道路畅通，当起重机械回转时不致与构件相碰；⑥所有构件应布置在坚实的地基上；⑦构件的平面布置分预制阶段构件平面布置和吊装阶段构件就位布置，但两者之间有密切关系，需同时加以考虑，做到相互协调，有利吊装。

（7）质量保证措施。

（8）安全生产及文明施工措施。

（9）成品保护措施。

模块四 施工平面图绘制技能训练

本模块导读：

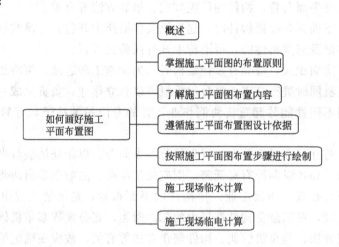

如何画好施工
平面布置图
- 概述
- 掌握施工平面图的布置原则
- 了解施工平面图布置内容
- 遵循施工平面布置图设计依据
- 按照施工平面图布置步骤进行绘制
- 施工现场临水计算
- 施工现场临电计算

任务一　编制"广体中心"工程的施工平面布置图

【任务说明】

一、背景

作为施工方，接受业主的委托对某住宅楼工程进行施工平面图设计。

二、目标

1. 能力目标

(1) 通过学习和训练，能够设计单位工程施工平面布置图；

（2）能够运用**广联达施工现场三维布置软件**编制"广体中心"工程的施工平面布置图。

2．知识目标

（1）掌握施工平面图的设计内容及设计原则；

（2）掌握单位工程施工平面图的设计步骤及设计方法。

三、形式

在实施环节中，可进行单人实训、也可进行团队实训。

四、资料

（1）工程名称：广体中心。

（2）建筑面积：参见已勾画范围。

（3）地上层数：6层，层高4m。

（4）地下层数：2层。

（5）结构形式：框架剪力墙结构，主体阶段在施。

（6）基础形式：筏板基础。

（7）建筑地点：北京市海淀区。

（8）自然条件及周边环境：整个施工现场西临居民小区，西北边有一幢高40m的建筑，正北是体育场，东临市区干道及植物园，南靠市区另一干道，水源电源接入点如底图所示。

【任务实施】

（1）根据工程资料了解"广体中心"工程与周边环境的相互影响情况和用地红线的范围。

（2）根据施工方案确定"广体中心"工程的办公及生活区临设的种类、数量、大小。

（3）根据施工方案确定"广体中心"工程的材料堆场、库房、加工棚的种类、数量、大小。

可参照表4-1进行绘制。

表4-1　临时设施项目及面积一览表

用　　途	面积/m²	数量/(间/个)	位　　置
甲方办公室	20	2	
工地办公室	20	5	
会议室	40	1	
职工宿舍	20	10	
工人宿舍	20	20	
食堂	80	1	
警卫室	10	2	参见施工平面图设计原则
厕所	40	1	
标准养护室	20	1	
水泥库房	40	1	
砂石堆场	20	1	
搅拌站	20	1	
木工棚	60	1	

用　　途	面积/m²	数量/(间/个)	位　　置
模板堆场	60	1	参见施工平面图设计原则
钢筋加工棚	60	1	
钢筋堆场	60	1	
砌块堆场	60	1	
脚手架堆场	60	1	
草坪绿化	100	1	
道路	略		
合计	1470m²		

（4）如果采用施工绘制或者 CAD 绘制，需先熟悉和掌握施工平面图常用图例的画法和表达的内容。

（5）为了方便绘制，现在国内许多公司开发出了施工平面布置图专业绘制软件。下面以**广联达施工现场三维布置软件**为例绘制"广体中心"工程的施工平面布置图。操作步骤如下：

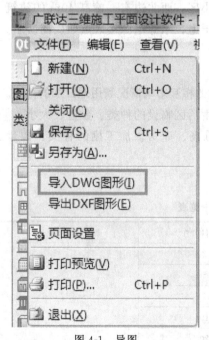

图 4-1　导图

① 导入 CAD 底图　双击打开软件→点击"文件"→点击"导入 DWG 图形"（图 4-1）→选择要导入的 CAD 底图→点击"打开"，这样 CAD 底图就顺利导入了。

温馨提示：DWG 图形即为 CAD 文件。导入前，为方便绘制可进行底图的修改，如适当地增加辅助线和删除多余的线，使得底图清晰、简单，容易识别。

② 分析底图　通过滚动鼠标来调整整个视图的大小，仔细观察分析视图中的组成部分。

温馨提示：底图中内容可包括：拟建房屋外轮廓线、用地红线、水源电源接入点以及场外道路和周边环境等。软件界面的了解和图元库中图元的学习可通过软件视频掌握，但需要使用者多运用和练习。

③ 了解施工平面图设计的总体要求　布置紧凑，占地要省，少占土地；短运输，少搬运；临时工程少用资金；利于生产、生活、安全、消防、环保、市容、卫生及劳动保护等，符合国家有关规定和法规。

④ 设计步骤　收集原始资料→布置垂直运输机械→布置搅拌站、仓库、材料和构件堆场、加工厂→布置运输道路→布置行政管理、文化、生活和福利用房等临时设施→布置水电管网→布置安全消防设施→计算技术经济指标。

⑤ 调整优化　通过三维旋转和 3D 漫游查看空间布置的合理性，从而进行调整和优化。

⑥ 补充绘制　可将周边环境运用软件三维图元补充完整，使得拟建房屋与周边环境的空间关系清晰明了。

⑦ 提交成果文件　在三维旋转状态下，调整好角度，可通过软件自带的截图功能对工程文件进行截图保存，然后将图片插入到 word 文档中，打印提交。

【任务总结】

请回顾一下整个实施过程，思考下列问题：

（1）能力目标和知识目标是否完成？如果没有完成，还需做哪些工作？

（2）整个任务过程中涉及哪些知识点？这些知识点是否理解并掌握？

（3）施工平面图的作用是什么？各个图元的布置原则是什么？参考规范的内容是什么？

（4）施工平面布置图具体的设计步骤是什么？为什么按照这样的顺序来布置？

【核心知识：施工平面布置的基础知识】

1. 施工平面布置图概述

施工平面图是工程项目施工组织设计的一项重要内容，科学合理的施工平面图设计，对于提高施工生产效率、降低工程建设成本、保证工程质量和施工安全等方面起着十分关键的作用。根据施工范围的大小，施工平面图设计可分为施工总平面图设计和单位工程施工平面图设计。施工总平面图设计是指整个工程建设项目的施工场地总平面布置图，是全工地施工部署在空间上的反映；单位工程施工平面图是针对单位工程施工而进行的施工场地平面布置。

建筑施工是一个复杂多变的生产过程，各种施工机械、材料、构件等是随着工程的进展而逐渐进场的，而且又随着工程的进展而逐渐变动、消耗。因此，在整个施工过程中，它们在工地上的实际布置情况是随时改变着的。为此，对于大型建筑工程、施工期限较长或施工场地较为狭小的工程，就需要按不同施工阶段分别设计几张施工平面图，以便能把不同施工阶段工地上的合理布置具体地反映出来，如：基础分部现场施工平面图、主体分部现场施工平面图、装饰分部现场施工平面图等。

在布置各阶段的施工平面图时，对整个施工时期使用的主要道路、水电管线和临时房屋等，不要轻易变动，以节省费用。对较小的建筑物，一般按主要施工阶段的要求来布置施工平面图，同时考虑其他施工阶段如何周转使用施工场地。布置重型工业厂房的施工平面图，还应该考虑到一般土建工程同其他设备安装等专业工程的配合问题，一般以土建施工单位为主，会同各专业施工单位，共同编制综合施工平面图。

2. 施工平面图设计的原则

在满足施工需要的前提下，尽量减少施工用地，不占或少占农田，施工现场布置要紧凑合理。合理布置起重机械和各项施工设施，科学规划施工道路，尽量降低运输费用。科学确定施工区域和场地面积，尽量减少专业工种之间交叉作业。尽量利用永久性建筑物、构筑物或现有设施为施工服务，降低施工设施建造费用；尽量采用装配式施工设施以提高其安装速度。

临时设施应方便生产和生活，办公区、生活区和生产区宜分离设置。现场符合节能、环保、安全和消防等要求，遵守当地主管部门和建设单位关于施工现场安全文明施工的相关规定。为了保证施工的顺利进行，应注意施工现场的道路畅通，机械设备的钢丝绳、电缆、缆风绳等不得妨碍交通。对人体有害的设施（如沥青炉、石灰池等）应布置在下风向。建筑工地内尚应布置消防设施。在山区及江河边的工程还须考虑防洪等特殊要求。

3. 施工平面图设计的内容

单位工程施工平面图通常用 1：200～1：500 的比例绘制，一般应在图上标明下列内容：

(1) 单位工程施工区域范围内，已建的和拟建的地上的、地下的建筑物及构筑物的位置、轮廓尺寸、层数等；另需标注出河流、湖泊等的位置和尺寸以及指北针、风向玫瑰图等。

(2) 拟建工程所需的起重机械、垂直运输设备、搅拌机械及其他机械的布置位置，起重机械开行的线路及方向等。

(3) 各种预制构件堆放及预制场地所需面积、布置位置；各种材料、成品、半成品以及工业设备等的仓库和堆场的面积、位置；装配式结构构件的就位位置等。

(4) 为施工服务的一切临时设施（包括搅拌站、加工棚、仓库、办公室等）的面积、位置等。

(5) 临时供电、供水、供热等管线的布置；水源、电源、变压器位置确定；现场排水沟渠及排水方向等。

(6) 测量放线标桩、地形等高线、土方取弃场地等。

(7) 劳动保护、安全、防火及防洪设施布置以及其他需要的布置。

【对比知识】施工总平面布置图的内容为：项目施工用地范围内的地形状况；全部拟建的建（构）筑物和其他基础设施的位置；项目施工用地范围内的加工设施、运输设施、存贮设施、供电设施、供水供热设施、排水排污设施、临时施工道路和办公、生活用房等；施工现场必备的安全、消防、保卫和环境保护等设施；相邻的地上、地下既有建（构）筑物及相关环境。

4. 施工平面图设计的依据

(1) 建设地区原始资料，包括一切已有和拟建的地上、地下管道布置资料。

(2) 建筑平面图，了解一切地上、地下拟建和已建的房屋与构筑物的位置及尺寸。

(3) 全部施工设施建造方案。

(4) 施工方案、施工进度和资源（各种材料、半成品、构件等）需要量计划。

(5) 建筑施工机械、模具、运输工具的型号和数量。

(6) 建设单位可为施工提供原有房屋及其他生活设施的情况。

【对比知识】施工总平面图设计的依据：建设项目建筑总平面图、竖向布置图和地下设施布置图；建设项目施工部署和主要建筑物施工方案；建设项目施工总进度计划、施工总质量计划和施工总成本计划；建设项目施工总资源计划和施工设施计划；建设项目施工用地范围和水电源位置，以及项目安全施工和防火标准。

5. 施工平面图设计的步骤

(1) 确定起重机械的位置　塔吊的位置。塔吊的平面位置主要取决于建筑物的平面形状和四周场地条件。有轨式塔吊一般应在场地较宽的一侧沿建筑物的长度方向布置，布置的方法有沿建筑物单侧布置、双侧布置和跨内布置三种。固定式塔吊一般布置在建筑物中心，或建筑物长边的中间；多个固定式塔吊布置时，应保证塔吊范围能覆盖整个施工区域，同时根据建筑物的施工现场条件及吊装工艺来确定，使塔吊的起重臂在活动范围内能将材料和构件运至任何施工地点，避免出现死角。多层建筑施工中（3～7层）可以用轻型的塔吊，这类塔吊的位置可以移动，但是按照建筑物的长边布置可以控制更加广阔的工作面，尽量地减少死角，材料和构件控制在塔吊的工作范围之内。高层建筑施工中（12层以上或大于24m），可以布置自升式或爬升式塔吊，它们的位置固定，具有较大的工作半径（30～60m），同时一般配置若干固定升降机配合作业，主体结构完毕，塔吊可以拆除。

井架具有搭拆简单、稳定性好、运输量大、高度较高等优点。井架的平面位置取决于建筑物的平面形状和大小、建筑物的高低分界、施工段的划分及四周场地大小等因素。当建筑物呈长方形，层数、高度相同时，一般布置在施工段的分界处，靠施工现场较宽的一侧，以便于在井架附近堆放材料和构件，达到缩短运距的目的。井架离建筑物外墙的距离，视檐口挑出尺寸或双排脚手架搭设的要求而定。同时还考虑揽风绳对交通、吊装等的影响。

固定式起重机械位置，如龙门架和井架等，要根据机械性能、建筑物平面尺寸、施工段划分状况和材料运输去向具体确定。自行有轨式起重机械位置，如塔式起重机，要根据建筑物平面尺寸、吊物重量和起重机能力具体确定。自行无轨式起重机械位置，如轮胎式和履带式起重机，要根据建筑物平面尺寸、构件重量、安装高度和吊装方法具体确定。

（2）确定搅拌站、仓库和材料、构件堆场的位置　材料堆场、仓库、搅拌站的位置尽量在起重机的半径范围之内，并且运输、装卸方便，其位置主要取决于垂直运输设备位置。

大宗材料应尽量布置在搅拌站附近；当多种材料同时布置时，对大宗的、重大的和先期使用的材料，应尽量在起重机附近布置；少量的、轻的和后期使用的材料，则可布置得稍远一些；根据不同的施工阶段使用不同材料的特点，在同一位置上可先后布置不同的材料。当采用固定式垂直运输设备时，起重机运送的材料和构件堆场以及仓库和搅拌站的位置应尽量靠近起重机布置，以缩短运距或减少二次搬运；当采用塔式起重机进行垂直运输时，材料和构件堆场的位置，以及仓库和搅拌站出料口的位置，应布置在塔式起重机的有效起重半径内；当采用无轨自行式起重机进行水平和垂直运输时，材料、构件堆场、仓库和搅拌站等应沿起重机运行路线布置。且其位置应在起重臂的最大外伸长度范围内。

木工棚和钢筋加工棚的位置可考虑布置在建筑物四周以外的地方，但应有一定的场地堆放木材、钢筋和成品。石灰仓库和淋灰池的位置要接近砂浆搅拌站并在下风向；沥青堆场及熬制锅的位置要离开易燃仓库或堆场，并布置在下风向。

（3）布置运输道路　现场主要道路应尽可能利用永久性道路，或先建好永久性道路的路基，在土建工程结束之前再铺路面。现场道路布置时要注意保证行驶畅通，使运输工具有回转的可能性。因此，运输路线最好围绕建筑物布置成一条环行道路。宽度要符合规定要求：单行道不小于 $3\sim3.5m$，双车道不小于 $5.5\sim6m$，消防车道不小于 $3.5m$。

（4）临时设施的布置　施工现场的临时设施可分为生产性与非生产性两大类。生产性临时设施内容包括在现场制作加工的作业棚，如木工棚、钢筋加工棚、白铁加工棚；各种材料库、棚，如水泥库、油料库、卷材库、沥青棚、石灰棚；各种机械操作棚，如搅拌机棚、卷扬机棚、电焊机棚；各种生产性用房，如锅炉房、烘炉房、机修房、水泵房、空气压缩机房等；其他设施，如变压器等。非生产性临时设施内容包括：各种生产管理办公用房、会议室、文化文娱室、福利性用房、医务室、宿舍、食堂、浴室、开水房、警卫传达室、厕所等。

布置临时设施，应遵循使用方便、有利施工、尽量合并搭建、符合防火安全的原则；同时结合现场地形和条件、施工道路的规划等因素分析考虑它们的布置。各种临时设施均不能布置在拟建工程（或后续开工工程）、拟建地下管沟、取土、弃土等地点。各种临时设施尽可能采用活动式、装拆式结构或就地取材，施工现场范围应设置临时围墙、围网或围笆。

（5）布置水电管网　施工用临时给水管：一般由建设单位的干管或施工用干管接到用水地点。布置有枝状、环状和混合状等方式，应根据工程实际情况从经济和保证供水两个方面去考虑其布置方式。管径的大小、龙头数目根据工程规模由计算确定。管道可埋置于地下，也可铺设在地面上，视气温情况和使用期限而定。工地内要设消防栓，消防栓距离建筑物应不小于 5m，也不应大于 25m，距离路边不大于 2m。条件允许时，可利用城市或建设单位的永久消防设施。有时，为了防止供水的意外中断，可在建筑物附近设置简易蓄水池，储存一定数量的生产和消防用水。如果水压不足时，尚应设置高压水泵。

排水设施：为便于排除地面水和地下水，要及时修通永久性下水道，并结合现场地形在建筑物四周设置排泄地面水和地下水的沟渠，如排入城市下水系统，还应设置沉淀池。

临时供电：单位工程施工用电应在全工地施工总平面图中一并考虑。一般计算出在施工期间的用电总数，如由建筑单位解决，可不另设变压器。必要时根据现场用电量选用变压器。变压器（站）的位置应布置在现场边缘高压线接入处，四周用铁丝网围住，不宜布置在交通要道口。临时变压器的设置，应距地面不小于 30cm，并应在 2m 以外处设置高度大于1.7m 的保护。

任务二　知识拓展一：临时供水计算

【案例解析】

某市一高层住宅楼，3 层及其以下为大底盘，出裙楼屋顶分为双塔楼，裙楼为框架剪力墙结构，塔楼为全现浇钢筋混凝土剪力墙结构，建筑地上 28 层，裙房 3 层，地下室 2 层，建筑高度为 100.8m。总建筑面积为 63260m²。±0.000 相当于黄海高程 380.700m。防火等级一级；抗震设防烈度为八度；防水等级二级。本大楼地下层设有人防、停车库和设备用房等。工程严格按现代城市规划要求设计，是一栋高标准智能化的现代化高层住宅楼。本工程为一类高层建筑，耐火等级为一级，建筑结构安全等级为二级，防护等级为六级人防地下室、二等人员掩蔽体。基础采用钢筋混凝土人工挖孔灌注桩基础。地下室底板、顶板与侧墙交接处设置橡胶止水条。最高峰期日混凝土量 350m³；施工人数 400 人。

建筑工地临时供水主要包括：生产用水、生活用水和消防用水三种。生产用水包括工程施工用水、施工机械用水。生活用水包括施工现场生活用水和生活区生活用水。

1. 工程用水量计算

工地施工工程用水量计算公式：

$$q_1 = K_1 \sum \frac{Q_1 N_1}{T_1 t} \times \frac{K_2}{8 \times 3600}$$

式中　q_1——施工工程用水量，L/s；

　　K_1——未预见的施工用水系数，在 1.05～1.15 之间，取 1.10；

　　Q_1——年（季）度工程量，以实物计量单位表示，取值见表 4-2；

　　N_1——施工用水定额，取值见表 4-2；

　　T_1——年（季）度有效工作日，d，取 240d；

　　t——每天工作班数，班，取 2；

　　K_2——用水不均匀系数，取 1.50。

工程施工用水定额列表见表 4-2。

表 4-2　工程施工用水定额及工程量取值表

序　号	用水定额 N_1	工程量 Q_1	用水名称
1	1700.0L/m³	14000.0m³	浇筑混凝土全部用水
2	200.0L/m³	14000.0m³	混凝土自然养护
3	5.0L/m²	55000.0m²	冲洗模板
4	150.0L/m³	3300.0m³	砌筑工程全部用水
5	30.0L/m²	36000.0m²	抹灰工程全部用水
6	200.0L/千块	1500.0千块	浇砖
7	4.0L/m²	30000.0m²	抹面不包括调制砂浆
8	300.0L/m²	30000.0m²	搅拌砂浆
9	98.0L/m	300.0m	上水管道工程
10	1130.0L/m	300.0m	下水管道工程

经过计算得到 $q_1 = 4.56L/s$。

2. 施工机械用水量计算

施工机械用水量计算公式：

$$q_2 = K_1 \sum Q_2 N_2 \times \frac{K_3}{8 \times 3600}$$

式中　q_2——施工机械用水量，L/s；

　　　K_1——未预见的施工用水系数，在 1.05 到 1.15 之间，取 1.10；

　　　Q_2——同一种机械台数，台，取值列表 4-3；

　　　N_2——施工机械台班用水定额，取值列表 4-3；

　　　K_3——施工机械用水不均匀系数，取 2.0。

施工机械用水定额列表见表 4-3。

表 4-3　施工机械用水定额

序　号	用水定额 N_1	机械台数 Q_2	机械名称
1	20.0L/(台·台班)	5.0/(台·台班)	木工场机械
2	250.0L/(台·h)	2.0/(台·h)	点焊机 75 型

经过计算得到 $q_2 = 0.05L/s$。

3. 工地生活用水量计算

施工工地用水量计算公式：

$$q_3 = \frac{P_1 N_3 K_4}{t \times 8 \times 3600}$$

式中　q_3——施工工地生活用水量，L/s；

　　　P_1——施工现场高峰期生活人数，取 400 人；

　　　N_3——施工工地生活用水定额，在 20~60L/人，取 25L/人；

　　　K_4——施工工地生活用水不均匀系数，取 1.50；

　　　t——每天工作班数，班，取 2。

经过计算得到 $q_3 = 0.26L/s$。

4. 生活区生活用水量计算

生活区生活用水量计算公式：

$$q_4 = \frac{P_2 N_4 K_5}{24 \times 3600}$$

式中　q_4——生活区生活用水量，L/s；

　　　P_2——生活区居住人数，取 400 人；

　　　N_4——生活区昼夜全部生活水定额，取 100L/人；

　　　K_5——生活区生活用水不均匀系数，取 2.5。

经过计算得到 $q_4 = 1.16$ L/s。

5. 消防用水量计算

根据消防范围确定消防用水量，在 25 公顷（ha）之内为 10～15L/s，取 $q_5 = 10.00$ L/s。

6. 施工工地总用水量计算

（1）施工工地总用水量 Q 按照下面组合计算：

① 当 $(q_1 + q_2 + q_3 + q_4) \leqslant q_5$ 时，则 $Q = q_5 + \frac{1}{2}(q_1 + q_2 + q_3 + q_4)$

② 当 $(q_1 + q_2 + q_3 + q_4) > q_5$ 时，则 $Q = q_1 + q_2 + q_3 + q_4$

③ 当现场面积小于 5ha，且 $(q_1 + q_2 + q_3 + q_4) < q_5$ 时，则 $Q = q_5$

本工程中 $q_1 + q_2 + q_3 + q_4 = 4.56 + 0.05 + 0.26 + 1.16 = 6.03$ L/s $< q_5 = 10$ L/s

计算得到总用水量 $Q = 10 + 0.5 \times 6.03 = 13.02$ L/s

（没有考虑建筑面积小于 5ha）

计算的总用水量还应增加 10%，以补偿不可避免的水管漏水损失。

即 $= 1.1Q = 14.32$ L/s。

（2）供水管管径计算

① 管径计算：

$$d = \sqrt{\frac{4Q}{\pi \cdot \theta \cdot 1000}}$$

式中，生活及施工用水的管内水流速取 1.5m/s，消防用水取 2.5m/s，故综合取 2.0 m/s，则 $d = \sqrt{\frac{4Q}{\pi \cdot \theta \cdot 1000}} = \sqrt{\frac{4 \times 14.32}{\pi \times 2.0 \times 1000}} = 0.095$（m）。

② 计算结果及处理：现场总供水管径计算需 $DN100$，工地内采用 $DN100$ 管环绕施工现场，楼层部位消防及施工用水，项目部准备利用拟建建筑物内消防水池做蓄水池，增设离心水泵一台，以解决楼层部位消防及施工用水问题，施工现场的重点防火部位布设 16 支消火栓，楼层区分每层各设一台消火栓箱。

任务三　知识拓展二：临时用电计算

【案例 1 解析】

某两栋多层住宅楼工程，每栋建筑面积为 3056m²，共计 6112m²，施工前，室外管线均接通至小区干线，用电设施如下：①塔式起重机 2 台 QT40，共计 96kW；②400 搅拌机 2

台，共计 24kW；③卷扬机 2 台，共计 16kW；④振捣器 6 台，共计 12kW；⑤蛙式打夯机 2 台，共计 8kW；⑥电锯和电刨等 28kW（10 台左右）；电焊机 3 台，共计 50kW；室外照明用电为 23kW，室内照明用电为 25kW。计算用电量并选变压器。

解： 经查表：$\Phi=1.05\sim1.1$，取 1.1；$K_1=0.7$，$K_2=0.6$，$K_3=0.8$，$K_4=1.0$。

由公式 $P=\phi\left(K_1\dfrac{\sum P_1}{\cos\varphi}+K_2\sum P_2+K_3\sum P_3+K_4\sum P_4\right)$ 得，

$P=1.1\times[0.7\times(96+24+16+12+6+30)/0.75+0.6\times50+0.8\times20+1\times23]=265(\text{kV}\cdot\text{A})$

查表，可选用 SL7-280/35 变压器一台，其额定功率为 280kV·A，满足要求。

【案例 2 解析】

某工业厂房建筑工地，高压电源为 10kW，临时供电线路布置、设备用量如图 4-2(a) 所示，共有设备 12 台，取 $K_1=0.7$，施工采取单班制作业，部分因工序连续需要采取两班制作业，试计算确定：（1）用电量；（2）需要的变压器型号和容量；（3）导线截面。

解： 计算用量取 70%，如图 4-2(b) 所示。敷设动力、照明 380V/220V 三相四线制混合型架空线路，按枝状线路布置架设。

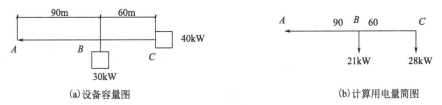

|(a)设备容量图|(b)计算用电量简图|

图 4-2　供电线路布置与设备容量图

注：（设备额定容量分别为：30kW 和 40kW，设备用电量分别为 21kW 和 28kW）（字母从左到右为 A、B、C）AB 间的距离为 90m，BC 间的距离为 60m。

（1）计算施工用电量：$P_{\text{计}}=1.24K_1\sum P_c=1.24\times0.7\times(21+28)=42.53(\text{kW})$。

（2）计算变压器容量和选择型号：$P_{\text{变}}=1.4P_{\text{计}}=1.4\times42.53=59.54(\text{kV}\cdot\text{A})$。

当地高压供电 10kV，型号为 SL7-63/10，变压器额定容量 63kV·A>59.54kV·A，可满足要求。

（3）确定配电导线截面包括以下 4 部分内容。

① 对于 AB 段线路，按导线允许电流选择：对于三相四线制线路，工作电流为 $I_{\text{线}}=2P=2\times49=98(\text{A})$。

为了安全起见，选用 BLV 型铝芯塑料绝缘线，选用 BLV 型导线截面为 25mm² 时，持续允许电流为 105A>98A，可满足要求。

按导线允许电压校核算，

$S_{AB}=\dfrac{\sum PL}{C\varepsilon_{AC}}\times100\%=\dfrac{\sum M}{C\varepsilon_{AC}}\times100\%$，该线路电压为 $\varepsilon_{AB}=\dfrac{\sum M}{CS_{AC}}\times100\%=\dfrac{M_{AB}+M_{BC}}{CS_{AC}}\times$

$100\%=\dfrac{(21+28)\times90+28\times60}{46.3\times25}\times100\%=5.26\%<[\varepsilon]=7\%$，满足电压降的要求。

按机械强度校核，要求的机械强度最小截面为 10mm，满足要求。

② 对于 BC 段

线路 AB 段电压降为：$\varepsilon_{BC}=\dfrac{M_{AB}}{CS_{AB}}\times100\%=\dfrac{4410}{46.3\times25}\times100\%=3.81\%$

线路 BC 段电压降应大于：$\varepsilon_{BC}=7\%-3.81\%=3.19\%$

按导线允许电压降选择导线截面，

线路 BC 段导线需要截面为：$S_{BC}=\dfrac{M_{BC}}{C\varepsilon_{BC}}=\dfrac{1680}{46.3\times3.19}=11.37(\text{mm}^2)$

选用 BC 段导线需要截面 16mm^2。

将所选用导线按允许电流校核：

$I_{BC}=2\times28=56(\text{A})$。查表得，当选用 BLV 型线截面为 16mm^2 时，持续允许电流为 $80\text{A}>56\text{A}$，所以可以满足温升要求。

按导线机械强度校核：线路上各段导线截面均大于 10mm^2，大于允许的最小截面，可满足机械强度要求。

下篇 综合训练

模块五 编制广联达办公大厦的施工组织设计

【任务说明】

一、 背景

作为施工方参与工程投标，应编制"技术标"；当工程中标后，应进行实施性施工组织设计，用于指导工程施工，因此，学生必须掌握单位工程施工组织设计的编制方法。

二、 目标

1. 能力目标

能够编制单位工程施工组织设计。

2. 知识目标

掌握单位工程施工组织设计的编制程序、编制内容和编制方法。

三、 形式

在实施环节中，由于案例难度较高，建议采用团队实训。

四、 资料

1. 广联达办公大厦建筑工程图。

2. 广联达办公大厦招标文件

(1) 工程概况：本建筑物为"广联达办公大厦"；

(2) 本建筑物建设地点位于北京上地科技园区北部；

(3) 本建筑物用地概貌属于平缓场地；

(4) 本建筑物为二类多层办公建筑；

(5) 本建筑物合理使用年限为 50 年；

(6) 本建筑物抗震设防烈度为 8 度；

(7) 本建筑物结构类型为框架-剪力墙结构体系；

（8）本建筑物布局为主体呈"一"形内走道布局方式；

（9）本建筑物总建筑面积为 4745.6m²；

（10）本建筑物建筑层数为地下一层，地上四层；

（11）本建筑物高度为檐口距地面 18.6m；

（12）本建筑物设计标高±0.000 相当于绝对标高 41.50m；

（13）承包方式：包工包料；

（14）要求质量标准：达到国家施工验收规范合格标准；

（15）招标范围：基础、土建、水、电、防震等图纸范围所有工程；

（16）工期要求：200d；

（17）其他内容略。

【任务实施】

略。

【任务总结】

请回顾一下整个实施过程，思考下列问题：

（1）能力目标和知识目标是否完成？请做检视。

（2）单位工程施工组织设计是由几部分构成的？具体是什么？

（3）进度计划与施工方案的结合点有哪些？是怎样结合的？

（4）施工平面布置图与进度计划和施工方案的结合点有哪些？是怎样结合的？

【核心知识：单位工程施工组织设计的编制方法】

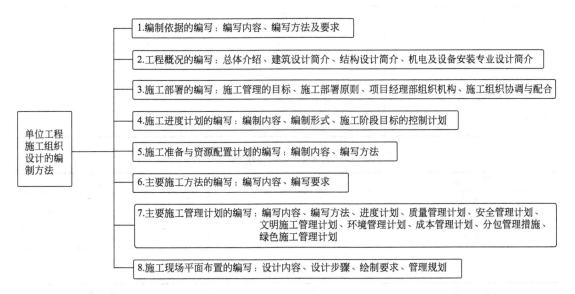

1. 编制依据的编写

（1）编写内容。主要列出所依据的工程设计资料、合同承诺以及法律法规等，可参考以下内容罗列条目。

① 工程承包合同。

② 工程设计文件（施工图设计变更和洽商等）。

③ 与工程建设有关的国家、行业和地方的法律、法规、规范、规程、标准及图集。

④ 施工组织纲要（投标性施工组织设计）、施工组织总设计（如本工程是整个建设项目中的一个单位工程，应把施工组织总设计作为编制依据）。

⑤ 企业技术标准与管理文件。

⑥ 工程预算文件和有关定额。

⑦ 施工条件及施工现场勘查资料等。

（2）编写方法及要求。在编写形式上采用表格的形式，使人一目了然，详见表 5-1～表 5-7。

特别提示：

① 法律、法规、规范、规程、标准和制度等应按以下顺序写：国家→行业→地方→企业；法规→规范→规程→规定→图集→标准。

② 特别注意法律、法规、规范、规程、标准和地方标准图集等应是"现行"的，不能使用过时的作为依据。

表 5-1　工程承包合同

序　号	合 同 名 称	编　号	签 订 日 期
1	××建设工程施工总承包合同		×年×月×日
2	……		

表 5-2　施工图纸

图 纸 类 别	图 纸 编 号	出 图 日 期
建筑施工图	建施×～建施×	
结构施工图	结施×～结施×	
电气专业施工图	电施×～电施×	
设备专业施工图	设施×～设施×	
……	……	

表 5-3　主要法规

类　别	名　称	编号或文字
国家		
行业		
地方		

表 5-4　主要规范、规程

类　别	名　称	编号或文字
国家		GB
行业		JGJ
地方		DBJ

表 5-5　主要图集

类　别	名　称	编号或文字
国家		GB
地方		JGJ

表 5-6　主要标准

类　别	名　称	编号或文字
国家		GB
行业		JGJ
地方		DBJ
企业 *		QB

* 企业技术标准须经建设行政部门备案后实施。

表 5-7　其他

序　号	类　别	名　称	编号或文字

2. 工程概况的编写

工程概况是对整个工程的总说明和总分析，是对拟建工程的特点、建设地区特点、施工环境及施工条件等所做的简洁明了的文字描述。通常采用图表形式并加以简练的语言描述，力求达到简明扼要、一目了然的效果。表 5-8～表 5-11 仅作参考，编写时应根据工程的规模和复杂程度等具体情况酌情增减内容。

表 5-8　总体介绍

序　号	项　目	内　容
1	工程名称	
2	工程地址	
3	建设单位	
4	设计单位	
5	监理单位	
6	质量监督单位	
7	安全监督单位	
8	施工总承包单位	
9	施工主要分包单位	

序　号	项　目	内　容
10	投资来源	
11	合同承包范围	
12	结算方式	
13	合同工期	
14	合同质量目标	
15	其他	

表 5-9　建筑设计简介

序　号	项　目	内　容			
1	建筑功能				
2	建筑特点				
3	建筑面积	总建筑面积/m²		占地面积/m²	
		地下建筑面积/m²		地上建筑面积/m²	
		标准层建筑面积/m²			
4	建筑层数	地上		地下	
5	建筑层高	地下部分层高	地下1层		
			地下 N 层		
		地上部分层高	首层		
			标准层		
			设备层		
			机房、水箱间		
6	建筑高度	±0.000 绝对标高/m		室内外高差/m	
		基底标高/m		最大基坑深度/m	
		檐口标高/m		建筑总高/m	
7	建筑平面	横轴编号	X 轴~x 轴	纵轴编号	X 轴~x 轴
		横轴距离/m		纵轴距离/m	
8	建筑防火				
9	墙面保温				
10	外装修	檐口			
		外墙装修			
		门窗工程			
		屋面工程	上人屋面		
			不上人屋面		
		主入口			
11	内装修	顶棚工程			
		地面工程			
		内墙装修			

序　号	项　　目	内　　容		
11	内装修	门窗工程	普通门	
			特种门	
		楼梯		
		公用部分		
12	防水工程	地下		
		屋面		
		厨房间		
		厕浴间		
13	建筑节能			
14	其他说明			

表 5-10　结构设计简介

序　号	项　　目	内　　容		
1	结构形式	基础结构形式		
		主体结构形式		
		屋盖结构形式		
2	基础埋置深度土质、水位	基础埋置深度		
		基底以上土质分层情况		
		地下水位标高	地下承压水	
			滞水层	
			设防水位	
		地下水水质		
3	地基	持力层以下土质类别		
		地基承载力		
		地基渗透系数		
4	地下防水	混凝土自防水		
		材料防水		
5	混凝土强度等级及抗渗要求	（部位）		
		（部位）		
		（部位）		
6	抗震等级	工程设防烈度		
		剪力墙抗震等级		
		框架抗震等级		
7	钢筋类别	非预应力筋及等级	HPB235 级	
			HRB335 级	
			HRB400 级	
		预应力筋及张拉方式或类别		

序　号	项　目	内　容	
8	钢筋接头形式	机械连接(冷挤压、直螺纹)	
		焊接	
		搭接绑扎	
9	结构断面尺寸	基础底板厚度/mm	
		外墙厚度/mm	
		内墙厚度/mm	
		柱断面厚度/mm	
		梁断面厚度/mm	
		楼板厚度/mm	
10	主要柱网间距		
11	楼梯坡道结构形式	楼梯结构形式	
		坡道结构形式	
12	楼梯转换层	设置位置	
		结构形式	
13	后浇带设置		
14	变形缝设置		
15	结构混凝土工程预防碱集料反应管理类别及有害物质环境要求		
16	人防设置等级		
17	建筑物沉降观测		
18	二级围护结构		
19	特殊结构	(钢结构、网架、预应力)	
20	构件最大几何尺寸		
21	室外水池、化粪池埋置深度		
22	其他说明		

表 5-11　机电及设备安装专业设计简介

序　号	项　目		设计要求	系统做法	管线类别
1	给排水系统	给水			
		排水			
		雨水			
		饮用水			
		热水			
		消防水			
2	消防系统	消防			
		排烟			
		报警			
		监控			

序　号	项　　目		设计要求	系统做法	管线类别
3	空调通风系统		空调		
			通风		
			冷冻		
			采暖		
			燃气		
4	电力系统		照明		
			动力		
			弱电		
			避雷		
5	设备安装		电梯		
			扶梯		
			配电箱		
			水箱		
			污水池		
			冷却塔		
6			通信		
			音响		
			电视电缆		
7			庭院绿化		
			楼宇清洁		
8	采暖	集中供暖			
		自供暖			
	设备最大规格与质量				

3. 施工部署的编写

施工部署是宏观的部署，其内容应明确、定性、简明和提出原则性要求，并应重点突出部署原则。施工部署的关键是安排，核心内容是部署原则，要努力在安排上做到优化，在部署原则上，要做到对涉及的各种资源在时空上的总体布局进行合理的构思。

一般施工部署主要包括以下内容：明确施工管理目标、确定施工部署原则、监理项目经理部组织机构、明确施工任务划分、计算主要项目工程量、明确施工组织协调与配合等。

（1）施工管理目标

① 进度目标　工期和开工、竣工时间。

② 质量目标　包括质量等级、质量奖项。

③ 安全目标　根据有关要求规定。

④ 文明施工目标　根据有关标准和要求确定。

⑤ 消防目标　根据有关要求确定。

⑥ 绿色施工目标　根据住房和城乡建设部及地方规定和要求确定。

⑦ 降低成本目标　确定降低成本的目标值、降低成本额或降低成本率。

（2）施工部署原则

① 确定施工顺序　在确定单位工程施工程序时应遵循以下原则：先地下后地上；先主体后围护；先结构后装饰；先土建后设备。在编制单位工程施工组织设计时，应按施工顺序，结合工程的具体情况和工程的进度计划，明确各阶段主要工作内容及施工顺序。

② 确定施工起点流向　所谓确定施工起点流向，就是确定单位工程在平面或者竖向上施工开始的部位和进展的方向。对单层建筑物，如厂房按其车间、工段或跨间，分区分段地确定出在平面上的施工方向。对于多层建筑物，除了确定每层平面上的流向外，还须确定其各层或单元在竖向上的施工流向。

③ 确定施工顺序　确定施工顺序时应考虑的因素：遵循施工程序；符合施工工艺；与施工方法相一致；按照施工组织要求；考虑施工安全和质量；受当地气候影响。

④ 选择施工方法和施工机械　选择机械时，应遵循切实需要、实际可能、经济合理的原则，具体要考虑以下几点。

a）技术条件：包括技术性能、工作效率、工作质量、能源消耗、劳动力的节约、使用安全性和灵活性、通用性和专用性、维修的难易程度和耐用程度等。

b）经济条件：包括原始价值、使用寿命、使用费用和维修费用等。如果是租赁机械，应考虑其租赁费。

c）要进行定量的技术经济分析、比较，以使机械选择最优。

（3）项目经理部组织机构

① 建立项目组织机构。应根据项目的实际情况，成立一个以项目经理为首的、与工程规模及施工要求相适应的组织管理机构——项目经理部。项目经理部职能部门的设置应紧紧围绕项目管理内容的需要确定。

② 确定组织机构形式。通常以线性组织机构图的形式表示，同时应明确两项内容，即项目部主要成员的姓名、行政职务和技术职务（或执业资格），使项目的人员构成基本情况一目了然。组织机构框图如图 5-1 所示。

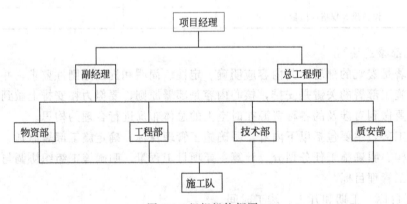

图 5-1　组织机构框图

③ 确定组织管理层次。施工管理层次可分为：决策层、控制层和作业层。项目经理是最高决策层，职能部门是管理控制层，施工班组是作业层。

④ 制定岗位职责。在确定项目部组织机构时，还要明确内部的每个岗位人员的分工职责，落实施工责任，责任和权利必须一致，并形成相应规章和制度，使各岗位人员各行其职、各负其责。

（4）施工任务划分　在确立了项目施工组织管理体制和机构的条件下，划分参与建设的各单位的施工任务和负责范围，明确总包与分包单位的关系，明确各单位之间的关系。可参考下表进行描述。

① 各单位负责范围见表 5-12。

表 5-12　各单位负责范围

序　号	负　责　单　位	任务划分范围
1	总包合同范围	
2	总包组织外部分包范围	
3	业主指定分包范围	
4	总包对分包管理范围	

注：总包合同范围是指合同文件中所规定的范围。强调编写者要根据合同内容编写，即将合同中这段具有法律效力的文字如实抄写下来；业主指定分包范围应纳入总包管理范围。

② 工程物资采购划分见表 5-13。

表 5-13　工程物资采购划分

序　号	负　责　单　位	工　程　物　资
1	总包采购范围	
2	业主自行采购范围	
3	分包采购范围	

③ 总包单位与分包单位的关系见表 5-14。

表 5-14　总包单位和分包单位的关系

序　号	主要分包单位	主要承包单位	分包与总包的关系	总包对分包的要求
1				
2				

（5）计算主要项目工程量　在计算主要项目工程量时，首先根据工程特点划分项目。项目划分不宜过多，应突出主要项目，然后估算出各主要分项的实物工程量，如土方挖土量、防水工程量、钢筋用量和混凝土用量等，以列表说明，可参考表 5-15。

表 5-15　主要分项工程量

项　目		单　位	数　量	备　注
土方开挖	开挖土方	m³		
	回填土方	m³		
防水工程	地下	m²		注明防水种类和卷材品种
	屋面	m²		
	卫生间	m²		
混凝土工程	地下　防水混凝土	m³		
	地下　普通混凝土	m³		
	地上　普通混凝土	m³		
	地上　高强混凝土	m³		指 C50 以上

项　　目		单　位	数　　量	备　　注
模板工程	地下	m²		
	地上	m²		
钢筋工程	地下	m²		
	地上	m²		
钢结构工程	地下	t		
	地上	t		
砌体工程	地下	m³		注明砌块种类
	地上	m³		
装饰装修工程	内檐　墙面	m²		根据工程建筑设计情况，做适当的调整
	内檐　地面	m²		
	内檐　吊顶	m²		
	内檐　贴瓷砖	m²		
	内檐　油漆浆活	m²		
	外檐　门窗	m²		
	外檐　幕墙	m²		
	外檐　面砖	m²		
	外檐　涂料	m²		
	外檐　抹灰	m²		

注：表中内容应根据工程的具体情况，酌情增减。

（6）施工组织协调与配合　工程施工过程是通过业主、设计、监理、总包、分包和供应商等多家合作完成的，协调组织各方的工作和管理，是能否按期完工、确保质量和安全、降低成本的关键之一。因此，为了保证这些目标的实现，必须明确制定各种制度，确保将各方面的工作组织协调好。

① 编写内容

协调项目内部参建各方关系。与建设单位的协调、配合，与设计单位的协调、配合，与监理单位的协调配合，对分包单位的协调、配合和管理。

协调外部各单位关系。与周围街道和居委会的协调、配合，与政府各部门的协调、配合。

② 协调方式　主要是建立会议制度，通过会议通报情况，协调解决各类问题。主要的管理制度如下。

a）在协调外部各单位关系方面，建立图纸会审和图纸交底制度、监理例会制度、专题讨论会议制度、技术文件修改制度、分项工程样板制度以及计划考核制度等。

b）在协调项目内部关系方面，建立项目管理例会制、安全质量例会制、质量安全标准及法规培训制等。

c）在协调各分承包关系方面，建立生产例会制等。

4. 施工进度计划的编写

这部分内容主要突出施工总工期及完成各主要施工阶段的控制日期。

（1）编制内容　一般内容包括编制说明和进度计划表。

（2）施工进度计划的编制形式　施工进度计划一般用横道图或网络图来表达。

对于住宅工程和一般公用建筑的施工进度计划，可用横道图或网络图表达；对技术复杂、规模较大的工程如大型公共建筑等工程的施工进度计划，应用网络图表达。用网络图表达时，应优先采用时标网络图。

分段流水的工程要以网络图表示标准层的各段、各工序的流水关系，并说明各段、各工序的工程量和塔式起重机吊次计算。

施工进度计划图表一般放在施工组织设计正文后面的附图附表中。

（3）施工阶段目标的控制计划　首先将工期总目标分解成若干个分目标，以分目标的实现来保证总目标的完成。简要表述各分目标的实现所采取的施工组织措施，并形成施工阶段目标控制计划表，可参考表 5-16。

表 5-16　施工阶段目标控制计划

序　号	阶段目标	起止时间
1		
2		
……		

5. 施工准备与资源配置计划的编写

（1）编制内容　施工准备工作的主要内容包括：技术准备、施工现场准备和资金准备。资源配置计划的主要内容包括：劳动力配置计划和物资配置计划。

（2）编写方法

① 技术准备是指完成本单位工程所需的技术准备工作。技术准备一般称为现场管理的"内业"，它是施工准备的核心内容，指导着施工现场准备。技术准备的主要内容一般包括以下三部分。

a）一般性准备工作　包括熟悉图纸、组织图纸会审和技术培训等。

a. 熟悉施工图纸，组织图纸会审，准备好本工程所需要的规范、标准和图集等图纸会审计划安排参考表 5-17。

表 5-17　图纸会审计划安排

序号	内　容	依　据	参加人员	日期安排	目　标
1	图纸初审	公司贯标程序文件《图纸会审管理办法》设计图纸引用标准、施工规范	组织人： 土建： 电气： 给水、排水、通风：		熟悉施工图纸,分专业列出图纸中不明确部位、问题部位及问题项
2	内部会审	公司贯标程序文件《图纸会审管理办法》设计图纸引用标准、施工规范	组织人： 土建： 电气： 给水、排水、通风：		熟悉施工图纸、设计图纸,各专业问题汇总,找出专业交叉打架问题;列出图纸会审纪要,向设计院提出问题清单
3	图纸会审	公司贯标程序文件《图纸会审管理办法》设计图纸引用标准、施工规范	组织人： 土建： 电气： 给水、排水、通风：		向设计院说明提出各项问题;整理图纸会审会议纪要

　　b. 技术培训包括以下两个方面。

　　第 1 步：管理人员培训。管理人员上岗培训，组织参加和技术交流；由专家进行专业培训；推广新技术、新材料、新工艺、新设备应用培训和学习规范、规程、标准、法规的重要条文等。

　　第 2 步：劳务人员培训。对劳务人员的进场教育、上岗培训；对专业人员的培训，如新技术、新工艺、新材料和新设备的操作培训等，提高使用操作的适应能力。

　　b）器具配置计划　可参考表 5-18。

表 5-18　器具配置计划表

序　号	器具名称	规格型号	单　位	数　量	进场时间	检测状态
1	经纬仪					有效期：×年×月×日—×年×月×日
2	水准仪					
3	米尺					
……	……					

　　c）技术工作计划　包括以下 8 个方面的内容。

　　a. 施工方案编制计划包括两步。

　　第 1 步：分项工程施工方案编制计划。分项工程施工方案要以分项工程为划分标准，如混凝土施工方案、室内装修方案和电气施工方案等。以列表形式表示，见表 5-19。

表 5-19　施工方案编制计划

序　号	方 案 编 制	编 制 人	编制完成时间	审批人（部门）
1				
2				
……				

注：编制人是指某个个人，不能写某个部门。

　　第 2 步：专项施工方案编制计划。专项施工方案是指除分项工程施工方案以外的施工方案，如施工测量方案、大体积混凝土施工方案、安全防护方案、文明施工方案、季节性施工方案、临电施工方案和节能施工方案等。表示与分项工程相同。

　　b. 试验、检验工作计划。试验工作计划内容应包括常规取样试验计划及有见证取样试验计划。应遵循的原则及规定可见表 5-20，试验工作计划可参考表 5-21。

表 5-20　原材及施工过程试验取样原则及规定

序　号	试 验 内 容	取 样 批 量	取 样 数 量	取样部位及见证率
1				
2				
……				

表 5-21　试验工作计划表

序号	试 验 内 容	取 样 批 量	试 验 数 量	备　　注
1	钢筋原材	≤60t	1组	同一钢号的混合批，每批不超过 6 个炉号，各炉罐号含碳量只差不大于 0.02%，含锰只差不大于 0.15%
		>60t	2组	

序号	试验内容	取样批量	试验数量	备　注
2	钢筋机械连接、（焊接）接头	500个接头	3根拉件	同施工条件、同一批材料的同等级、同规格接头500个以下为一验收批，不足500个也为一验收批
3	水泥（袋装）	≤200t	1组	每组取样至少12kg
4	混凝土试块	一次浇筑量≤1000m³，每100m³为一个取样单位（3块）；一次浇筑量≥1000m³，每200m³为一个取样单位（3块）		同一配合比
5	混凝土抗渗试块	500m²	1	同一配合比，每组6个试件
6	砌筑砂浆	250m²　　一个楼层	6块	同一配合比
7	高聚物改性沥青防水卷材	100卷以内	2组尺寸和外观	≤1000卷物理性能检验
		100～499卷	3组尺寸和外观	
		1000卷以内	4组尺寸和外观	
8	土方回填	基槽回填土每层取样6块		每层按≤50m取一点
9	……	……		……

注：试验工作计划不但应该包括常规取样试验计划，还应该包括有见证取样试验计划。而且有见证试验的试验室必须取得相应资质和认可。

c. 样板项、样板间计划。"方案先行、样板引路"是保证工期和质量的法宝，坚持样板制，不仅仅是样板间，而是样板"制"（包括工序样板、分项工程样板、样板墙、样板间、样板段和样板回路等多方面）。根据方案和样板，制定出合理的工序、有效的施工方法和质量控制标准，参见表5-22。

表 5-22　样板项、样板间计划一览表

序　号	项目名称	部位（层、段）	施工时间	备　注
1				
2				
……				

注："样板"是某项工程应达到的标准。一般有"选"和"做"两种方法。此处样板项、样板间计划是指做样板。

d. 新技术、新工艺、新材料和新设备推广应用计划。应根据住房和城乡建设部颁发的建筑业10项新技术推广应用（2005）中的94项子项及其他新的科研成果应用，逐条对照，列表以说明，参见表5-23。

表 5-23　新技术推广应用计划

序　号	新技术名称	应用部位	应用数量	负责人	总结完成时间
1					
2					
……					

e. QC活动计划。根据工程特点，在施工过程中，成立质量管理（Quality control，QC）小组，分专业或综合两个方面开展QC活动，并制订QC活动计划，见表5-24。

表 5-24　QC 活动计划表

序　号	QC 小组课题	参 加 部 门	时 间 安 排
1			
2			
……			

f. 高程引测与建筑定位。说明高程引测和建筑物定位的依据，组织交接桩工作，做好验线准备。

g. 试验室、预拌混凝土供应。说明对试验室、预拌混凝土供应商的考察和确定。如采用预拌混凝土，对预拌混凝土供应商进行考察，当确定好预拌混凝土供应商后，要求在签订预拌混凝土经济合同时，应同时签订预拌混凝土供应技术合同。

应根据对试验室的考察及本工程的具体情况，确定试验室。

明确是否在现场建立标养室。若建立标养室，应说明配备与工程规模、技术特点相适应的标样设备。

h. 施工图翻样设计工作。要求提前做好施工图和安装等的翻样工作，如模板设计翻样和钢筋翻样等。项目专业工程师应配合设计，并对施工图进行详细的二次深化设计。一般采用 CAD 绘图技术，对较复杂的细部节点做 3D 模型。

② 施工现场准备。施工现场准备工作的内容包括：障碍物的清除、"三通一平"、现场临水临电、生产生活设施、围墙及道路等施工平面图中所有内容，并按施工平面布置图所规定的位置和要求布置。

这部分内容编写时，应结合实际描述开工前的现场安排及现场使用。

③ 资金准备。资金准备应根据施工进度计划及工程施工合同中的相关条款编制资金使用计划，以确保施工各阶段的目标和工期总目标的实现，此项目工作应在施工进度计划编制完成后、工程开工前完成。

④ 各项资源需要量计划包括以下 5 部分内容。

a) 劳动力需要量计划。编制劳动力需要量计划，需求依据施工方案、施工进度计划和施工预算。其编制方法是按进度表将每天所需人数分工种统计，得出每天所需的工种及人数，按时间进度需求汇总编出。其主要是作为现场劳动力调配、衡量劳动力耗用指标及安排生活福利设施的依据，表格形式见表 5-25、表 5-26，月劳动力计划见下表。

表 5-25　劳动力需要量计划

序号	专业工种名称	劳动量/工日	需要人数及时间						备注
			年　月			年　月			
			上旬	中旬	下旬	上旬	中旬	下旬	
1									
2									
……									

表 5-26　月劳动力计划表

工　种	1月	2月	3月	4月	5月	6月	7月	……
钢筋工								
木工								
混凝土工								
瓦工								
抹灰工								
水暖工								
电工								
通风工								
力工								
……								
月汇总								

b）主要材料需要量计划。编制主要材料量计划，要依据施工预算工料分析和施工进度。其编制方法是将施工进度计划表中各施工过程，分析其材料组成，依次确定其材料品种、规格、数量和使用时间，并汇总成表格形式。它主要是备料、确定仓库和堆场面积以及组织运输的依据，其表格形式见表 5-27。

表 5-27　主要材料需要量计划

序　号	材料名称	规　格	需　要　量		需要时间	备　注
			单　位	数　量		
1						
2						
……						

c）预制加工品需要量计划。预制加工品包括：混凝土制品、混凝土构件、木构件和钢构件等，编制预制加工品需要量计划，需依据施工预算和施工进度计划。其编制方法是将施工进度计划表中需要预制加工品的施工过程，依次确定其预制加工品的品种、型号、规格、尺寸、数量和使用时间，并汇总成表格形式，它主要用于加工订货、确定堆场面积和组织运输，其表格形式见表 5-28。

表 5-28　预制加工品需要量计划

序号	预制加工品名称	图号型号	规格尺寸	需要量		使用部位	加工单位	要求供应起止时间	备注
				单位	数量				
1									
2									
……									

d）主要施工机具设备配置计划包括大型机械的选用和编制方法。

a. 大型机械的选用。土方机械、水平与垂直运输机械（如塔吊、外用电梯和混凝土泵等）的选用，应说明选择依据、选用型号、数量以及是否能满足本工程施工要求，并编制大型机械进场计划。

选择土方设备。根据进度计划安排、总的土方量、现场的周边情况和挖掘方式确定每天出土的方量，依据出土方量选择挖掘机、运土车的型号和数量。如果有护坡桩，还需与护坡桩施工进度和锚杆施工进度相配合。

选择塔式起重机。根据建筑物高度、结构形式（附墙位置）、现场所采用的模板体系和各种材料的吊运所需的吊次、需要的最大起重量、覆盖范围以及现场的周边情况、平面布局形式确定塔式起重机的型号和台数，并对距塔式起重机最远和所需吊运最重的模板或材料核算塔式起重机在该部位的起重量是否满足。

选择其他设备。泵送机械的选择，依据流水段划分所确定的每段的混凝土量、建筑物高度和输送距离选择混凝土拖式泵的型号；外用电梯的选择及使用情况说明；对于现场施工所需的其他大型设备都应依据实际情况进行计算选择。

b. 编制方法是将所需的机械类型、数量和进场时间汇总成表，以表格形式列出，见表 5-29。

表 5-29　主要施工机具设备配置计划

序　号	名　　称	规格型号	单　位	数　量	电功率/(kV·A)	拟进退场时间	备　注
1	塔式起重机						用途
2	电焊机						
3	振动棒						
……	……						

e）施工准备工作计划。为落实各项施工准备工作，加强对施工准备工作的检查监督，通常施工准备工作可列表表示，其表格形式见表 5-30。

表 5-30　施工准备工作计划

序号	施工准备 工作名称	准备工作内容 （及量化指标）	主办单位 （及主办负责人）	协办单位 （及主要协办人）	完成时间	备注
1						
2						
……						

6. 主要施工方法的编写

（1）编写内容　主要施工方法是指单位工程中主要分部（分项）工程或专项工程的施工手段和工艺，是属于施工方案的技术方面的内容。

这部分内容应着重考虑影响整个单位工程施工分部（分项）工程或专项工程的施工方法。影响整个单位工程施工的分部（分项）工程的施工方法是指：工程量大而且在单位工程中占据重要地位的分部（分项）工程；施工技术复杂、施工难度大，或采用新技术、新工艺、新材料、新设备，对工程质量起关键作用的分部（分项）工程；某些特殊结构工程，不熟悉、缺乏施工经验的分部（分项）工程及由专业施工单位的特殊专业工程的施工方法。

（2）编写要求

① 要反映主要分部（分项）工程或专项工程拟采用的施工手段和工艺，具体要反映施工中的工艺方法、工艺流程、操作要点和工艺标准，对机具的选择与质量检验等内容。

② 施工方法的确定应体现先进性、经济性和适用性。

③ 在编制深度方面，要对每个分项工程的施工方法进行宏观的描述，要体现宏观指导性和原则性，其内容应表达清楚，决策要简练。

（3）分部（分项）工程或专项工程施工方法

① 流水段划分应根据划分原则绘制出流水段划分图。

a）流水段划分原则包括以下 5 个：

a. 根据单位工程结构特点、工期要求、模板配置数量及周转要求，合理划分流水段。说明流水段划分依据及流水方向。

b. 流水段划分要有利于建筑结构的整体性。

c. 各段的主要工种工程量大致相等。

d. 保证主要工种工程量大致相等。

e. 当地下部分与地上部分流水段不一致时，应分开绘制流水段划分图，当水平构件与竖向构件流水段不一致时，也应分开绘制。

b）流水段划分图。应结合单位工程的具体情况分阶段分施工流水段，并绘制流水段划分图。

a. 绘制地下部分流水段划分图。

b. 绘制地上部分流水段划分图。

流水段划分图应标出轴线位置尺寸及施工缝与轴线间距离。流水段划分图也可以放在施工组织设计附图中。

② 测量放线

a）平面控制测量。

a. 建立平面控制网。说明轴线控制的依据及引至现场的轴线控制点位置。

b. 平面轴线的投测。确定地下部分平面轴线的投测方法；确定地上部分平面轴线的投测方法。

b）高程控制测量。

a. 建立高程控制网，说明标高引测的依据及引至现场的标高的位置。

b. 确定高程传递的方法。

c. 明确垂直控制的方法。

c）说明对控制桩点的保护要求。

a. 轴线控制桩点的保护。

b. 施工用水准点的保护。

d）明确测量控制精度。

a. 轴线放线误差。

b. 标高误差。

c. 轴线竖向投测误差。

e）制定测量设备配置计划，见表 5-31。

表 5-31 测量设备配置计划

序　号	仪器名称	数　量	用　途	备　注
1				检定日期、有效期
2				
……				

f）沉降观测。当设计或相关标准有明确要求时，或当施工中需要进行沉降观测时，应确定观测部位、观测时间及精度要求。沉降观测一般由建设单位委托有资质的专业测量单位完成该项工作，施工单位配合。

g）质量保证要求。提出保证施工测量质量的要求。

③ 桩基工程

a）说明桩基类型，明确选用的施工机械型号。

b）描述桩基工程施工流程。

c）入土方法和入土深度控制。

d）桩基检测。

e）质量要求等。

④ 降水与排水

a）说明施工现场地层土质和地下水情况，是否需要降水等。如需降水应明确降低地下水位的措施，是采用井点降水，还是其他降水措施，或是基坑壁外采用止水帷幕的方法。

b）选择排除地面水和地下水的方法，确定排水沟、集水井或者井点的布置及所需设备型号和数量。

c）说明降水深度是否满足施工要求（注意水位应降至基坑最深部位以下 50cm 的施工要求），说明降水的时间要求。要考虑降水对邻近建筑物可能造成的影响及所采取的技术措施。

d）应说明日排水量的估算值及排水管线的设计。

e）说明当日停电时，基坑降水采取的应急措施。

⑤ 基坑的支护结构

a）说明工程现场施工条件，邻近建筑物等与基坑的距离、邻近地下管线对基坑的影响、基坑放坡的坡度、基坑开挖深度、基坑支护类型和方法、坑边立塔应采取的措施、基坑的变形观测。

b）重点说明选用对的支护类型。

⑥ 土方工程

a）计算土方工程量（挖方、填方）。

b）根据工程量大小，确定采用人工挖土和机械挖土。

c）确定挖土方方向并分段、坡道的留置位置、土方开挖步数和每步开挖深度。

d）确定土方开挖方式，当采用机械挖土时，根据上述要求选择土方机械型号、数量和放坡系数。

e）当开挖深基坑土方时，应明确基坑土壁的安全措施，是采用逐级放坡的方法还是采用支护结构的方法。

f）应明确土方开挖与护坡、锚杆及工程桩等工序是如何穿插配合的，土方开挖与降水的配合。

g）人工如何配合修整基底、边坡。

h）说明土方开挖注意事项，包括安全和环保等方面。

i）确定土方平衡调配方案，描述土方的存放地点、运输方法和回填土的来源。

j）明确回填土的土质的选择、灰土的计算、压实方法及压实要求，回填土季节施工的要求。

⑦ 钎探与验槽

a）土方挖至槽底时的施工方法说明。

b）是否进行钎探及钎探工艺、钎探布点方式、间距、深度和钎探孔的处理方法说明。

c）明确清槽要求。

d）明确季节施工对基底的要求。

e）验槽前的准备，是否进行地基处理。

⑧ 垫层　明确验槽后对垫层和褥垫层施工有何要求，垫层混凝土的强度等级，是采用预拌混凝土还是现拌混凝土。

⑨ 地下防水工程　目前地下室防水设防体系普遍采用结构自防水＋材料防水＋结构防水的体系。

a）结构自防水的用料要求及相关的技术措施。说明防水混凝土的等级、防水剂的类型、掺量及碱集料反应的技术要求。

b）材料防水的用料要求及方法措施。说明防水材料的类型、层数和厚度，明确防水材料的产品合格证和材料检验报告的要求，进场时是否按规定进行外观检查和复试。

当采用防水卷材时，应明确所采用的施工方法（外贴法和内贴法）；当采用涂料防水、防水砂浆防水、塑料防水板和金属防水层时，应明确技术要求。

说明防水基层的要求、防水导墙的做法和防水保护层的做法等。

c）结构防水用料要求及相关技术措施。说明地下工程的变形缝、施工缝、后浇带、穿墙管、定位支撑及埋设件等处防水施工的方法和要求及应采取的阻水措施。

d）其他：对防水队伍的要求和防水施工注意事项。

⑩ 钢筋工程

a）钢筋的供货方式、进场检验和原材存放。说明钢筋的供货方式、进场验收（出厂合格证、炉号和批量）、钢筋外观检查、复试及见证取样要求和原材料的堆放要求。

钢筋品种：主要构件的钢筋设计可按表 5-32 填写。

表 5-32　主要构件的钢筋设计

构 件 名 称	钢 筋 规 格	截面/mm	间　距
底板			
混凝土墙			
地梁			
框架柱 KZ			
框架梁 KL			
框架连梁 LL			
暗柱 AZ			

b）钢筋加工方法

a. 明确钢筋的加工方式，是场内加工还是场外加工。

b. 明确钢筋调直、切断和弯曲的方法，并说明相应加工机具设备型号和数量、加工场面积及位置。

c. 明确钢筋放样、下料和加工要求。

d. 做各种类型的加工样板。

c）钢筋运输方法。说明现场成型钢筋搬运至作业层采用的运输工具。如钢筋在场外加工，应说明场外加工成型的钢筋运至现场的方式。

d）钢筋连接方法。

a. 明确钢筋的连接方式，是焊接还是机械连接或是搭接；明确具体采用的接头形式，是电弧焊还是电渣压力焊或是直螺纹。

b. 说明接头试验要求，简述钢筋连接施工要点。

e）钢筋安装方法

a. 分别对基础、柱、墙、梁和板等部位的施工方法和技术要点做出明确的描述。

b. 防止钢筋位移的方法及保护层的控制。

c. 如设计墙、柱为变截面，应说明墙体、柱变截面处的钢筋处理办法。

d. 钢筋绑扎施工：根据构件的受力情况，明确受力筋的方向和位置、筋搭接部位、水平钢筋的绑扎顺序、接头位置、钢筋接头形式、箍筋间距马凳、垫块钢筋保护层的要求；图纸中墙和柱等竖向钢筋保护层要求；竖向钢筋的生根及绑扎要求；钢筋的定位和间距控制措施。预留钢筋的留设方法，尤其是围护结构拉结筋。钢筋加工成型（特殊钢筋如套筒冷挤压和镦粗直螺纹等）及绑扎成型的验收。

f）预应力钢筋施工方法。例如钢筋做现场预应力张拉时，应说明施工部位，预应力钢筋的加工、运输、安装和检测方法及要求。

g）钢筋保护。明确钢筋半成品、成品的保护要求。

⑪ 模板工程　模板分项工程施工方法的选择包括：模板及其支架的设计（类型、数量、周转次数）、模板加工、模板安装、模板拆除及模板的水平垂直运输方案。

a）模板设计

a. 地下部分模板设计。描述不同的结构部位采用的模板类型、施工方法、配置数量和模板高度等，可以用表格形式列出，参见表 5-33。

表 5-33　地下部分模板设计

序号	结构部位	模板选型	施工方法	数量/m²	模板宽度/mm	模板高度/mm
1	底板					
2	墙体					
3	柱					
4	梁					
5	板					
6	电梯井					
7	楼梯					
8	门窗洞口					
……	……					

注：钢筋混凝土结构、多层砖混结构的模板设计可参考此表，并根据工程特点调整模板设计内容。

b. 地上部分模板设计表格形式参见表 5-34。

表 5-34　地上部分模板设计

序号	结构部位	模板选型	施工方法	数量/m²	模板宽度/mm	模板高度/mm
1	墙体					
2	柱					
3	梁					
4	板					

序号	结构部位	模板选型	施工方法	数量/m²	模板宽度/mm	模板高度/mm
5	电梯井					
6	楼梯					
7	女儿墙					
8	门洞窗口					
……	……					

注：钢筋混凝土结构、多层砖结构的模板设计可参考此表，并根据工程特点调整模板设计内容。

c. 特殊部位的模板设计。对有特殊造型要求的混凝土结构，如建筑物的屋顶结构和建筑立面等此类构件，模板设计较为复杂，应明确模板设计要求。

d. 说明需要进行模板计算的重要部位，其计算可在模板施工方案中进行。

b）模板加工、制作及验收

a. 说明各类模板的加工制作方式，是委托外加工还是现场加工制作。

b. 明确模板加工制作的主要技术要求和主要技术参数。如需委托外加工，应将有关技术要求和技术参数以技术合同的形式向专业模板公司提出加工制作要求。如果在现场加工制作，应明确加工场所、所需设备及加工工艺等要求。

c. 模板验收是检验加工厂产品是否满足要求的一道工序，因此要明确验收的具体方法。

c）模板施工 墙柱侧模、楼板底模、异型模板、梁侧模、大模板的支顶方法和精度控制；电梯井筒的支撑方法；特殊部位的施工方法（后浇带和变形缝等）；明确层高和墙厚变化时模板的处理方法。各构件的施工方法、注意事项和预留支撑点的位置。明确模板支撑上、下层支架的立柱对中控制方法和支拆模板所需的架子和安全防护措施。明确模板拆除时间、混凝土强度及拆模后的支撑要求，模板的使用维护措施要求。

在模板安装与拆除编写时，应着重说明以下的要求：

a. 明确不同类型模板所选用隔离剂的类型。

b. 确定模板的安装顺序和技术要求。

c. 确定模板安装允许偏差的质量标准，可参见表 5-35。

表 5-35 模板安装允许偏差

项　　　目		允许偏差/mm
轴线位置	柱、梁、板	
底模表面标高		
截面模尺寸	基础	
	梁、柱、板	
层高垂直度	不大于 5m	
	大于 5m	
相邻两板面高低差		
表面平整度		

d. 对所需预埋件和预留孔洞的要求进行描述。模板拆除包括：模板拆除必须符合设计要求、验收规范的规定及施工技术方案；明确各部位模板的拆除顺序；明确各部位模板拆除的技术要求，如侧模板拆除的技术要求（常温或冬施）、底模及其支撑拆除的技术要求、后浇带等特殊部位模板拆除的技术要求；为确保楼板不因为过早拆除而出现裂缝的措施。

d）模板的堆放、维护和修理；说明模板的堆放、清理、维修和涂刷隔离剂等的要求。

⑫ 混凝土工程

a）各部位混凝土强度等级（列表说明），表格形式可见表 5-36。

表 5-36　混凝土强度等级

构件名称	混凝土强度等级	技术要求	材料选用				
			水泥	砂	石	外加剂	掺合料
基础垫层							
基础底板							
地下室外墙							
……	……						

注：要有混凝土碱含量的控制要求和计算。

b）明确混凝土的供应方式。

a. 明确选用现场拌制混凝土还是预拌混凝土。

b. 采用现拌混凝土：应确定搅拌站的位置、搅拌机型号与数量。

c. 采用预拌混凝土：选择确定预拌混凝土供应商，在签订预拌混凝土供应商供应经济合同时，应同时签订技术合同。

c）混凝土的配合比设计要求。

a. 对配合比设计的主要参数：原材料、坍落度、水灰比和砂率提出要求。

b. 对外加剂类型、掺合料的种类提出要求。

c. 如是现场拌制混凝土，应确定砂石筛选、计量和后台上料方法。

d. 明确对碱含量和氨限量等有害物质的技术指标要求。

d）混凝土的运输要求。

a. 明确场外、场内的运输方式（水平运输和垂直运输），并对运输工具、时间、道路、运输及季节性施工加以说明。

b. 当使用泵送混凝土时，应对泵的位置、泵管的设置和固定措施提出原则性要求。

e）混凝土拌制和浇筑过程中的质量检验。

a. 现拌混凝土：明确混凝土拌制质量的抽检要求，如检查原材料的品种、规格和用量，外加剂、掺合料的掺量、用水量、计量要求和混凝土的出机坍落度，混凝土的搅拌时间检查及每一工作班内的检查频次。明确混凝土在浇筑过程中的质量抽检要求，如检查混凝土在浇筑地点的坍落度及每一工作班内的检查频次。

b. 预拌混凝土：明确混凝土进场和浇筑过程中对混凝土的质量抽检要求，如现场在接收预拌混凝土时，必须要检查预拌混凝土供应商提供的混凝土质量资料是否符合合同规定的质量要求，检查到场混凝土出罐时的坍落度，检查浇筑地点混凝土的坍落度，并明确每一工作班内的检查频次。

f）混凝土的建筑工艺要求及措施：对混凝土分层浇筑和振捣的要求。

g）明确混凝土的浇筑方法和要求。

a. 描述不同部位的结构构件采用何种方式浇筑混凝土（泵送或者塔吊运送）。

b. 根据不同部位，分别说明浇筑的顺序和方法（分层浇筑或一次浇筑）。

c. 对楼板混凝土标高及厚度的控制方法。

d. 当使用泵送混凝土时，应按《混凝土泵送施工技术规程》（JGJ/T 10—2011）中有关内容提出泵的选择原则和配管原则等要求。

e. 明确对后浇带的施工时间、施工要求以及施工缝的处置。

f. 明确不同部位、不同构件所使用的振捣设备及振捣的技术要求。

h）施工缝：确定施工缝的留置位置和处理方法。

i）混凝土的养护制度和方法。应明确混凝土的养护方法和养护时间，在描述养护方法时，应将水平构件与竖向构件分别描述。

j）大体积混凝土：对于大体积混凝土，应确定大体积混凝土的浇筑方案，说明浇筑方法、制定防止温度裂缝的措施、落实测温孔的设置和测温工作等。

k）预应力混凝土：对预应力混凝土，应确定预应力混凝土的施工方法，控制应力和张拉设备。

l）混凝土的季节性施工。

a. 制定相应的防冻和降温措施。

b. 明确冬施所采用的养护方法及易引起冻害的薄弱环节应采取的技术措施。

c. 落实测温工作。

m）混凝土的试验管理。

a. 明确现场是否设立标养室。

b. 明确混凝土试件与留置要求。

n）混凝土结构的实体验收。质量验收应以《混凝土结构工程施工质量验收规范》（GB 50204—2002）中的附录 D 为依据，在施工组织设计中提出原则性要求和做法。有关对结构实体的混凝土强度检验的详细要求和方法应在《结构实体检验方案》中做进一步细化。

⑬ 钢结构工程

明确本工程钢结构的部位。

确定起重机类型、型号和数量。

确定钢结构制作的方法。

确定构件运输堆放和所需机具设备型号、数量和对运输道路的要求。

确定安装、涂装材料的主要施工方法和要求，如安排吊装顺序、机械开行路线、构件制作平面布置和拼装场地等。

⑭ 结构吊装工程

明确吊装方法，是采用综合吊装法还是单件吊装法，是采用跨内吊装法还是跨外吊装法。

确定吊装机械（具），是采用机械吊装还是抱杆吊装。

若选择吊装机械，应根据吊装构件重量、起吊半径、起吊高度、工期和现场条件，选择吊装机械类型和数量。

安排吊装顺序、机械设备位置和行驶路线以及构件的制作、拼装场地，并绘出吊装图。

确定构件的运输、装卸、堆放办法，所需的机具、设备的型号、数量和对运输道路的要求。

吊装准备工作内容及吊装有关技术措施。

吊装的注意事项，如吊装与其他分项工程工序之间的工作衔接、交叉时间安排和安全注意事项等。

⑮ 砌体砌筑工程

简要说明本工程砌体采用的砌体材料种类、砌筑砂浆强度等级和使用部位。

简要说明砖墙的组砌方法和砌块的排列设计。

明确砌体的施工方法，简要说明主要施工工艺要求和操作要点。

明确砌体工程的质量要求。

明确配筋砌体工程的施工要求。

明确配筋砌筑砂浆的质量要求。

明确砌筑施工中的流水分段和劳动力组合形式等。

确定脚手架搭设方法和技术要求。

⑯ 架子工程　此处主要根据不同建筑类型确定脚手架所用材料、搭设方法及安全网的挂设方法。具体内容要求如下：

应系统描述以下各施工阶段所采用的内外脚手架的类型。

a. 基础阶段：内脚手架的类型；外墙脚手架的类型；安全防护架的设置位置及类型；马道的设置及类型。

b. 主体结构阶段：内脚手架的类型；外脚手架的类型；安全防护架的设置及类型；马道的设置位置及类型；上料平台的设置及类型。

c. 装饰装修阶段：内脚手架的类型；外脚手架的类型。

明确内、外脚手架的用料要求。

明确各类型脚手架的搭、拆顺序及要求。

明确脚手架的安全设施。

明确脚手架的验收。

脚手架工程涉及安全施工，应单独编制专项施工方案，高层和超高层的外架应有计算书，并作为施工方案的组成部分。当外架由专业分包单位分包时，应明确分包形式和责任。

⑰ 屋面工程　此部分主要说明屋面各个分项工程的各层材料的质量要求、施工方法和操作要求。

根据设计要求，说明屋面工程所采用保温隔热材料的品种、防水材料的类型（卷材、涂膜和刚性）、层数、厚度及进场要求（外观检查和复试）。

明确屋面防水等级和设防要求。

明确屋面工程的施工顺序和各工序的主要施工工艺要求。

说明屋面防水采用的施工方法和技术要点。当采用防水卷材时，应明确所采用的施工方法（冷粘法、热粘贴、自粘贴或热风焊接）；当采用防水涂膜时，应明确技术要求。

明确屋盖系统的各种节点部位及各种接缝的密封防水施工要求。

说明对防水基层、防水保护层的要求。

明确试水要求。

明确屋面工程各工序的质量要求。

明确屋面材料的运输方式。

依据《建筑节能工程施工质量验收规范》（GB 50411—2007），明确保温材料各项指标的复验要求。

⑱ 外墙保温工程

说明采用外墙保温类型及部位。

明确主要的施工方法及技术要求。

依据《建筑节能工程施工质量验收规范》(GB 50411—2007),明确外墙保温板施工的现场试验要求。

依据《建筑节能工程施工质量验收规范》(GB 50411—2007),明确保温材料进场要求和材料性能要求。

⑲ 装饰装修工程

总体要求包括以下4个方面。

a. 施工部署及准备。可以表格形式列出各楼层房间的装修做法明细表。确定总的装修工程施工顺序及各工种如何与专业施工相互穿插配合。绘制内、外装修的工艺流程。

b. 确定装饰工程各分项的操作方法及质量要求,有时要做样板间。

c. 说明材料的运输方式,确定材料堆放、平面布置和储存要求,确定所需的机具设备等。

d. 说明室内外墙面工程、楼地面工程和顶棚工程的施工方法、施工工艺流程与流水施工的安排,装饰材料的场内运输方案。

地面工程。依据《建筑地面工程施工质量验收规范》(GB 50209—2010),明确以下几个方面内容。

a. 根据设计要求,简要说明本工程地面做法名称及所在部位。

b. 说明各种地面的主要施工方法及技术要点。

c. 明确地面养护及成品保护要求。

d. 明确质量要求。

抹灰工程。依据《建筑装饰装修工程质量验收规范》(GB 50210—2001),明确以下几个方面内容。

a. 根据设计要求,简要说明本工程采用的抹灰工程及部位。

b. 简要描述主要施工方法及技术要点。

c. 说明防止抹灰空鼓和开裂的措施。

d. 明确质量要求。

门窗工程。依据《建筑装饰装修工程质量验收规范》(GB 50210—2001)和《建筑节能工程施工质量验收规范》(GB 50411—2007),明确以下几个方面内容。

a. 根据设计要求,说明本工程门窗的类型及部位。

b. 描述主要的施工方法及技术要点。包括放线、固定窗框、填缝、窗扇安装、玻璃安装、清理和验收工艺等。

c. 明确成品保护要求。

d. 明确安装的质量要求。

e. 明确对外墙金属窗、塑料窗的3项指标和保温性能的要求。

f. 明确外墙金属窗的防雷接地做法(要结合防雷及各类专业规范进行明确)。

吊顶工程。依据《建筑装饰装修工程质量验收规范》(GB 50210—2001),明确以下几个方面内容。

a. 明确采用吊顶的类型、材料选用的部位。

b. 描述主要的施工方法及技术要点。

  c. 说明吊顶工程与吊顶管道和水电设备安装的工序关系。

  d. 明确质量要求。

  轻质隔墙工程。依据《建筑装饰装修工程质量验收规范》（GB 50210—2001），明确以下几个方面内容。

  a. 明确本工程采用何种隔墙及部位。

  b. 说明轻质隔墙的施工工艺。

  c. 描述主要的安装方法及技术要点。

  d. 明确质量要求。

  e. 明确隔墙与顶棚和其他墙体交接处应采取的防开裂措施。

  f. 明确成品保护要求。

  饰面板（砖）工程。依据《建筑装饰装修工程质量验收规范》（GB 50210—2001），明确以下几个方面内容。

  a. 明确所采用饰面板的种类及部位。

  b. 说明饰面板的施工工艺。

  c. 明确主要施工方法及技术要点。重点描述外墙饰面板（砖）的黏结强度试验，湿作业防止反碱的方法，防震缝、伸缩缝和沉降缝的做法。

  d. 明确外墙饰面与室内垂直运输设备拆除之间的时间关系。

  e. 明确质量要求。

  f. 明确成品保护要求。

  幕墙工程。依据《建筑装饰装修工程质量验收规范》（GB 50210—2001）和《建筑节能工程施工质量验收规范》（GB 50411—2007），明确以下几个方面内容。

  a. 明确采用幕墙的类型及部位。

  b. 说明幕墙工程施工工艺。

  c. 说明主要施工方法及技术要点。

  d. 明确成品保护要求。

  e. 提供主要原材料的性能检测报告。

  f. 明确玻璃幕墙的四性试验（气密性、水密性、抗风压性能和平面内变形）和节能保温性能要求。

  涂饰工程。依据《建筑装饰装修工程质量验收规范》（GB 50210—2001），明确以下几个方面内容。

  a. 明确采用涂料的类型及部位。

  b. 简要说明主要施工方法和技术要求。

  c. 明确按设计要求和《民用建筑工程室内环境污染控制规范（2013版）》（GB 50325—2010）的有关规定对室内装修材料进行检验的项目。

  裱糊与软包工程。依据《建筑装饰装修工程质量验收规范》（GB 50210—2001），明确以下几个方面内容。

  a. 明确采用裱糊与软包的类型及部位。

  b. 明确主要施工方法及技术要点。

  细部工程。依据《建筑装饰装修工程质量验收规范》（GB 50210—2001），明确以下几个方面内容：简要说明橱柜、窗帘盒、窗台板、散热器罩、门窗、护栏、护手、花饰的制作与安装要求。

厕浴间、卫生间。明确卫生间的墙面、地面、顶板的做法和主要施工工艺、工序安排、施工要点、材料的使用要求及防止渗漏采取的技术措施和管理措施。

⑳ 机电安装工程 此部分内容主要包括：建筑给水、排水及采暖、建筑电气、智能建筑、通风与空调和电梯等专业工程。

应说明结构施工配合阶段预留预埋的措施。套管和埋件的预埋方法、部位，结构预留洞的留设方法和线管暗埋的做法。

简要说明各专业工程的施工工艺流程、主要施工方法及要求。

明确各专业工程的质量要求。

㉑ 特殊项目 是指采用新技术、新材料和新结构的项目；大跨度空间结构、水下结构、深基础、大体积混凝土施工、大型玻璃幕墙和软土地基等项目。

选择施工方法，阐明施工技术关键所在（当难以用文字说清楚时，可配合图表描述）。

拟定质量、安全措施。

㉒ 季节性施工 当工程施工跨越冬季或雨季时，就必须制定冬季施工措施或雨季施工措施。季节性施工内容包括如下：

冬（雨）季施工部位。说明冬（雨）季施工的具体项目和所在部位。

冬季施工措施。根据工程所在地的冬季气温、降雪量不同，工程部分及施工内容不同，施工单位的条件不同，制定不同的冬季施工措施。

雨季施工措施。根据工程所在地的雨量、雨期及工程的特点（如深基坑、大土方量、施工设备、工程部位）制定措施。

暑期施工措施。根据台风、暑期高温及工程特点等制定措施。

有关季节性施工的内容应在季节性专项施工方案中细化。

7. 主要施工管理计划的编写

(1) 编写的内容 主要施工管理计划是《建筑施工组织设计规范》中的提法，目前的施工组织设计中多用管理和技术措施来编制，主要施工管理计划实际上是指在管理和技术经济方面对保证工程进度、质量、安全、成本和环境保护等管理目标的实现所采取的方法和措施。

施工管理计划涵盖很多方面的内容，可根据工程的具体情况加以取舍。一般来说，施工组织设计中的施工管理计划应包括：进度管理计划、质量管理计划、安全管理计划、环境管理计划、成本管理计划和其他管理计划。

其他管理计划宜包括绿色施工管理计划、文明工地管理计划、消防管理计划、现场保卫计划、合同管理计划、分包管理计划和创优管理计划等。

上述各项施工管理计划的编制内容均应包括组织措施、技术措施和经济措施。

(2) 编写方法 这部分内容要反映保证项目管理目标的实现拟采取的实施性控制方法，制定这些施工管理计划，应从组织、技术、经济、合同及工程的具体情况等方面考虑。同时措施内容必须有针对性，应针对不同的管理目标制定不同的专业性管理措施。要务必做到既行之有效而又切实可行，要讲究实用的效果。对于常规知识不必再写，但必须做到。

在编制的手法和表达形式上，主要采用罗列方法，只需将要叙述的内容一项项列清楚，逐项叙述，无需太多的表现方式。

以下就具体的编制内容和方法做较为详细的阐述。

（3）进度管理计划　主要围绕施工进度计划编写，主要内容是制定工期保证措施。具体可从以下几个方面来考虑。

① 对项目施工进度总目标进行分解，合理制定不同施工阶段进度控制分目标。

制定分级控制计划，根据总控制计划编制月控制计划，根据月控制计划编制周计划，周计划根据前 3 天的实际情况，调整后 3 天计划并且制定下周计划，实行 3 天保周、周保月、月保总控制计划的管理方式。

② 根据进度计划、工程量和流水段划分，合理安排劳动力和投入的生产设备，保证按照进度计划的要求完成任务。

③ 加强操作人员对质量意识的培养，提高施工质量和一次成活率。达到质量标准的一次成活率高了，也就加快了施工速度，从而可以保证施工进度。

④ 加强例会制度，解决矛盾、协调关系，保证按照施工进度计划进行。

（4）质量管理计划　质量管理计划可参照《质量管理体系要求》（GB/T 19001），在施工单位质量管理体系的框架内，按项目具体要求编制。其主要内容可以从以下几个方面考虑。

① 确定质量目标并进行目标分解。质量目标的内容应具有可测性，如单位工程合格率、分部工程优良率、分项工程优良率和顾客满意度，达到"长城杯"、"扬子杯"和"鲁班奖"的要求。

② 建立项目质量管理的组织机构（应有组织机构框图），明确职责，认真贯标。

③ 建立健全各种质量管理制度（如质量责任制、三检制、样板制、奖罚制和否决制等）以保证工程质量，并对质量事故的处理做出相应规定。

④ 制度保证质量的技术保障和资源保障措施，通过可靠的预防措施，保证质量目标的实现。技术保障措施包括建立技术管理责任制；项目所用规范、标准、图集等有效技术文件清单的确认；图纸会审、编制施工方案和技术交底；试验管理；工程资料的管理；"四新"技术的应用等。

资源保障措施包括项目管理层和劳务层的教育、培训；制定材料和设备采购规定等。

⑤ 制定主要分部（分项）工程和专项工程质量预防控制措施，以分部（分项）工程和专项工程的质量保证单位工程的质量。

⑥ 其他的保证质量措施，如劳务素质保证措施、成品保护措施、季节施工保证措施，应用 TQM 方法建立 QC 小组等。

（5）安全管理计划

① 根据项目特点，确定施工现场危险源，制定项目职业健康安全管理目标。

② 建立项目安全管理的组织机构并明确职责（应有组织机构框图）。

③ 建立项目部安全生产责任制及安全管理办法，认真贯彻国家、地方与企业有关安全生产法律法规和制度。

④ 建立安全管理制度和职工安全教育培训制度。

⑤ 制度安全技术措施。

（6）分包安全管理　与分包方签订安全责任协议书，将分包安全管理纳入总包管理。

（7）消防管理计划　消防管理计划应根据工程的具体情况编写，一般从以下几个方面考虑。

① 制定消防管理目标。

② 建立消防管理组织机构并明确责任。施工现场的消防安全，由施工单位负责。施工现场实行逐级防火责任制，施工单位明确一名施工现场负责人为防火负责人，全面负责施工现场的消防安全工作，且应根据工程规模配备消防干部和义务消防员，重点工程和规模较大工程的施工现场应组织义务消防队。消防干部和义务消防员应在施工现场防火负责人和保卫组织领导下，负责日常消防工作。

③ 贯彻国家与地方有关法规、标准，建立消防责任制。

④ 制定消防管理制度。如消防检查制、巡逻制、奖罚制和动火证制。

⑤ 制定教育与培训计划。

⑥ 结合工程项目的具体情况，落实消防工作的各项要求。

⑦ 签订总分包消防责任协议书。

（8）文明施工管理计划

文明施工措施一般从以下几个方面考虑。

① 确定文明施工目标。

② 建立文明施工管理组织机构（应有组织机构框图）。

③ 建立文明施工管理制度。

④ 施工平面管理要点。

⑤ 现场场容管理。

⑥ 现场料具管理。

⑦ 其他管理措施。

⑧ 协调周边居民关系。

（9）现场保卫计划

① 成立现场保卫组织管理机构。

② 建立项目部保卫工作责任制，明确责任。

③ 建立现场保卫制度，如建立门卫值班室、巡逻制度、凭证出入保卫奖惩制度、保卫检查制度等。

④ 对分包管理及对外协调。

（10）环境管理计划

① 确定项目重大环境因素，制定项目环境管理目标。

② 建立项目环境管理的组织机构，明确管理职责。

③ 根据项目特点，进行环境保护方面的资源配置。

④ 制定各项环境管理制度。

⑤ 制定现场环境保护的控制措施。

（11）成本管理计划

① 根据项目施工预算，制定项目施工成本目标。

② 建立施工成本管理的组织机构，明确职责，制定相应的管理措施。

③ 制定降低成本的具体措施。

（12）分包管理措施

项目管理的核心环节是对现场各分包商的管理和协调。针对具体工程的特点和运作模式以及各分包商的情况，从以下几个方面考虑。

① 建立对分包的管理制度，制定总分包的管理办法和实施细则。

② 对各分包商的服务与支持。

③ 与分包商签订定安全消防协议。

④ 协调总包与分包、分包与分包的关系。

⑤ 加强合同管理。

⑥ 加强对劳动力的管理。

（13）绿色施工管理计划　在制定这些计划时，必须遵守《导则》和《规程》的规定，以及施工现场及环境保护的有关规定，并且要根据现场实际情况制定，其内容包括如下。

① 制定组织管理措施。主要包括：建立绿色施工管理体系、制定绿色施工管理制度、进行绿色施工培训和定期对绿色施工检查监督等。

② 制定资源节约措施。主要包括：节约土地的措施、节能的措施、节水的措施、节约材料与资源利用的措施。

③ 制定环境保护措施。主要包括：防止周围环境污染和大气污染的技术措施、防止水土污染的技术措施、防止噪声污染的技术措施、防止光污染的技术措施、废弃物管理措施以及其他管理措施。

④ 制定职业健康与安全措施。主要包括：场地布置及临时设施建设措施、作业条件与环境安全措施、职业健康措施和公共卫生防疫管理措施。

说明：当施工组织设计中环境管理计划作为单列时，在绿色施工管理计划中可不再描述。

8. 施工现场平面布置的编写

单位工程施工现场平面布置，是对拟建工程的施工现场，根据施工需要的内容，按一定的规则而做出的平面和空间的规划。它是一张用于指导拟建工程施工的现场平面布置图。

（1）设计内容　施工现场平面布置一般包括下列内容：施工平面图说明、施工平面图和施工平面图管理规划。施工平面图图纸的具体内容通常包含如下：

① 绘制施工现场的范围。包括用地范围，拟建建筑物位置、尺寸及与已有地上、地下的一切建筑物、构筑物、管线和场外高压线设备的位置关系尺寸，测量放线标桩的位置、出入口及临时围墙。

② 大型起重机械设备的布置及开行线路位置。

③ 施工电梯、龙门架垂直运输设施的位置。

④ 场内临时施工道路的布置。

⑤ 确定混凝土搅拌机、砂浆搅拌机或混凝土输送泵的位置。

⑥ 确定材料堆场和仓库。

⑦ 确定办公及生活临时设施的位置。

⑧ 确定水源、电源的位置：变压器、供电线路、供水干管、泵送和消防栓等的位置。

⑨ 现场排水系统位置。

⑩ 安全防火设施位置。

⑪ 其他临时布置。

（2）施工现场平面设计的步骤　确定起重机械的位置→确定搅拌站、加工棚、仓库、材料及构建堆场的尺寸和位置→布置运输道路→布置临时设施→布置水电管网→布置安全消防设施→调整优化。

（3）绘制要求

① 施工现场平面图是反映施工阶段现场平面的规划布置，由于施工是分阶段的（如地基与基础工程、主体结构工程和装饰装修工程），有时根据需要分阶段绘制施工平面图，这对指导组织工程施工更具体、更有效。

② 绘制施工平面图布置要求层次分明、比例适中、图例图形规范、线条粗细分明、图面整洁美观，同时绘制要符合国家有关制图标准，并应详细反映平面的布置情况。

③ 施工平面图布置应按常规内容标注齐全，平面布置应有具体的尺寸和文字。比如塔吊要标明回转半径、最大起重量、最大可能的吊重、塔吊具体位置坐标，平面总尺寸，建筑物主要尺寸及模板，大型构建，主要料具堆放区，搅拌站，料场，仓库，大型临建和水电等，能够让人一眼看出具体情况，力求避免用示意图走形式。

④ 绘制基础时，应反映出基坑开挖边线、深支护和降水的方法。

⑤ 施工平面布置图中不能只绘红线内的施工环境，还要对周边环境表述清楚，如原有建筑物的使用性质、高度和距离等，这样才能判断所布置的机械设备等是否影响周围，是否合理。

⑥ 绘图时，通常图幅不宜小于 A3，应有图框、比例、图鉴、指北针和图例。

⑦ 绘图比例一般常用 1∶100～1∶500，视工程规模大小而定。

⑧ 施工现场平面布置图应配有编制说明及注意事项。如文字说明较多时，可在平面图单独说明。

（4）施工现场平面布置管理规划

施工现场平面管理是指在施工过程中对施工场地的布置进行合理调节。施工现场平面布置设计完成之后，应建立施工现场平面管理制度，制定管理办法。

对施工周期较长的工程，施工平面布置图要随施工组织的调整而调整。对施工现场平面图布置实现动态管理，协调各施工单位关系，定期对施工现场平面进行使用情况复核，根据施工进展，及时对施工平面进行调整。

及时做好施工现场平面维护工作，大型临时设施及临水、临电线路等布置，不得随意更改和移动位置，认真落实施工现场平面布置图的各项要求，保证施工有条不紊地进行。

附　录

附录一　参考案例

1　编制依据

1.1　招标文件及图纸见表1。

招投标文件名称见表1。

表1　招投标文件名称

名　　称
广联达办公大厦工程施工招标文件
广联达办公大厦工程设计图纸
北京市勘察设计研究院提供"广联达办公大厦工程岩土工程勘察报告"

1.2　主要规程、规范（见表2）

表2　主要规程、规范

名　　称	编　号	名　　称	编　号
工程测量规范	GB 50026—2007	混凝土质量控制标准	GB 50164—2011
建筑地基基础工程施工质量验收规范	GB 50202—2002	电梯工程施工质量验收规范	GB 50310—2002
地下工程防水技术规范	GB 50108—2008	建筑地基处理技术规范	JGJ 79—2012
地下防水工程质量验收规范	GB 50208—2011	玻璃幕墙工程技术规范	JGJ 102—2003
混凝土结构工程施工质量验收规范	GB 50204—2010	玻璃幕墙工程质量检验标准	JGJ 139—2001
砌体结构工程施工质量验收规范	GB 50203—2011	建筑施工扣件式钢管脚手架安全技术规范	JGJ 130—2011
屋面工程质量验收规范	GB 50207—2012	建筑施工高处作业安全技术规范	JGJ 80—91
建筑装饰装修工程质量验收规范	GB 50210—2001	建筑机械使用安全技术规程	JGJ 33—2012
建筑地面工程施工质量验收规范	GB 50209—2010	施工现场临时用电安全技术规范	JGJ 46—2005
建筑工程施工质量验收统一标准	GB 50300—2013	建设工程施工现场供用电安全规范	GB 50194—2014

1.3 主要图集（见表3）

表3 主要图集

名　　称	编　　号
框架结构填充空心砌块构造图集	京94SJ19
北京市厕浴间防水推荐做法	京2002TJ1
建筑工程资料管理规程	DBJ01-51-2003
建筑设备施工安装图集	91SB1～9
混凝土结构施工图平面整体表示方法制图规则和构造详图	03G101-1 04G101-4

1.4 主要法规（见表4）

表4 主要法规

名　　称	编　　号
中华人民共和国建筑法	—
中华人民共和国环境保护法	—
中华人民共和国安全生产法	—

2 工程概况

2.1 工程总体概述

2.1.1 建设概况

（1）本建筑物为"广联达办公大厦"；

（2）本建筑物建设地点位于北京上地科技园区北部；

（3）本建筑物用地概貌属于平缓场地；

（4）本建筑物为二类多层办公建筑；

（5）本建筑物合理使用年限为50年；

（6）本建筑物抗震设防烈度为8度；

（7）本建筑物结构类型为框架-剪力墙结构体系；

（8）本建筑物布局为主体呈"一"字形内走道布局方式；

（9）本建筑物总建筑面积为4745.6m²；

（10）本建筑物建筑层数为地下一层，地上四层；

（11）本建筑物高度为檐口距地面为18.6m；

（12）本建筑物设计标高±0.000相当于绝对标高41.50m；

（13）承包方式 包工包料；

（14）要求质量标准 达到国家施工验收规范合格标准；

（15）招标范围 基础、土建、水、电、防震等图纸范围所以工程。

2.1.2 结构概况

（1）本工程基础采用筏板基础。

（2）柱、梁、板为现浇混凝土。

（3）墙体

1）外墙　地下部分均为 250 厚自防水钢筋混凝土墙；地上部分均为 250 厚陶粒空心砖及 35 厚聚苯颗粒保温复合墙体；

2）内墙　均为 200 、100 厚煤陶粒空心砖墙体；

3）基础顶面到 0.200 以下为砂浆空心砖混合砂浆砌混凝土小型砌块墙；电梯间为砌实心砖墙。

2.1.3　装饰装修概况

（1）室外装修

1）屋面 1：铺地砖保护层上人屋面；

2）屋面 2：40 厚现喷硬质发泡聚氨酯，防水保温层不上人屋面。

（2）室内装修

1. 地面

1）地面 1：细石混凝土地面；

2）地面 2：水泥地面；

3）地面 3：防滑地砖地面。

2. 楼面

1）楼面 1：防滑地砖楼面（砖采用 400×400）；

2）楼面 2：防滑地砖防水楼面（砖采用 400×400）；

3）楼面 3：大理石楼面（大理石尺寸 800×800）。

3. 踢脚

1）踢脚 1：水泥砂浆踢脚（高度 100）；

2）踢脚 2：地砖踢脚（用 400×100 深色地砖，高度 100）；

3）踢脚 3：大理石踢脚（用 800×100 深色地砖，高度 100）。

4. 内墙面

1）内墙面 1：水泥砂浆墙面；

2）内墙面 2：瓷砖墙面（面层用 200×300 高级面砖）。

5. 顶棚

1）顶棚 1：抹灰顶棚；

2）顶棚 2：涂料顶棚。

6. 吊顶

1）吊顶 1：铝合金条板吊顶的燃烧性能为 A 级；

2）吊顶 2：岩棉吸声板吊顶的燃烧性能为 A 级。

7. 油漆工程做法　除已特别注明的部位外，其他需要油漆的部位均为：金属面油漆工程做法；木材面油漆工程做法：选用 L96J002-P119-油 41，具体各处的油漆颜色由室内设计确定。

8. 门窗　门有木门、钢质防火门，窗为铝合金窗。

9. 屋面防水工程　坡屋面采用 1.5 厚聚氨酯涂膜防水，平屋面采用 3 厚高聚物改性沥青卷材防水层。

2.2　场地的工程地质条件

（1）本工程基础根据勘察研究院提供的"广联达办公大厦"岩土勘察报告。

（2）地形地貌：场地位于北京上地科技园区的北部边缘地带，地势平坦，孔口地面高程为 40.60～44.61m。

（3）地层岩性　勘察孔深范围内岩土层划分为十大层，每层土特征详见地质报告。

（4）地下水　地下水稳定水位为 24.21～30.12m。

（5）场地类别：拟建场地土类型为中软土，建筑场地类别为Ⅱ类，

当地震烈度为 8 度时，场地地基不液化。

2.3　施工条件

2.3.1　现场施工条件

施工场地已进行三通一平，材料、构件、加工品由建设方提供，施工的建设机械由施工方自行租赁，劳动力的投入按照进度计划实施，施工严格按照规范，现场管理按照文明工地要求进行。

2.3.2　施工重点、难点

基坑较深，及时做好支护，以及做好雨季施工降水工作。

3　施工部署及施工方案

3.1　施工部署

3.1.1　工程施工展开程序及起点流向

3.1.1.1　工程施工展开程序

本工程采用整体浇注，采用塔吊、井架等施工机械，筏板基础不划分施工段采用连续整体浇注，主体部分以后浇带划分为两个施工段。工程展开程序遵循"先准备、后开工"，"先地下、后地上"，"先主体、后围护"，"先结构、后装饰"，"先土建、后设备"的程序要求。

3.1.1.2　施工起点流向

基坑→垫层→筏板基础→地下室防水→地下室→一至四层主体→屋面工程→装饰装修工程。

3.1.1.3　主要工程施工顺序

（1）地下部分基础及地下室主体结构施工工序　基础土方开挖（支护）→验槽→垫层施工→基础导墙砖模砌筑→防水卷材施工→防水保护层浇筑→筏板钢筋绑扎→筏板模板→基础筏板混凝土浇灌→框架柱及剪力墙钢筋绑扎→框架柱及剪力墙模板安装→框架柱及剪力墙混凝土浇灌→地下室顶板、梁模板→地下室顶板、梁钢筋绑扎→地下室顶板、梁浇灌混凝土→外墙防水施工→肥槽回填→房心回填级配砂石（在不影响主体结构施工前提下进行）。

（2）地上部分结构施工工序　框架柱、剪力墙钢筋绑扎→框架柱、剪力墙模板→框架柱、剪力墙混凝土浇灌→楼层结构顶板、梁模板→楼层结构顶板、梁钢筋绑扎→楼层结构混凝土浇灌。

3.1.2　工程施工准备

3.1.2.1　施工技术准备

（1）施工前的准备工作　进场后，首先是与业主进行测量资料移交和进行测量控制网放线工作，对轴线、标高和定位坐标进行复测和测量控制网的布设工作。

及时进行现场临时设施搭设及临水、临电方案上报监理公司和业主审批并及时组织施工队伍进场；抓紧进行分包商的选择；塔吊布置方案、总平面布置方案、底板混凝土浇筑组织方案进行讨论，确定最终方案；紧接着进行塔吊地基基础处理和塔吊安装工作，场地平整清

理和总平面布置，迅速敲定各种设备材料的进出场路线。

制定各种详细的实施计划和施工方案，进行分阶段、分部、分项进度计划的编制，制定整个工程的综合配套计划；抓紧进行钢筋备料、钢筋放样、钢筋加工和模板准备等。

(2) 施工图、技术规范准备 工程施工进场时，组织工程技术人员熟悉施工图纸，参加设计交底，理解和掌握设计内容，尤其对较为复杂、特殊功能部分，对结构配筋、不同结构部位混凝土强度等级、高程和细部尺寸，以及各部位装修做法等。解决设计施工图本身不交圈、与施工技术不一致问题，提出施工对设计的优化建议，为顺利按图施工扫清障碍。

开工之前编制应用于本工程的技术规范、技术标准目录，配置各类技术软资源并进行动态管理，满足技术保证的基础需要。

(3) 编制实施性施工组织设计、细化专项施工方案 组织相关专业的工程技术人员编制实施性施工组织设计和项目质量计划，编制专项施工方案，向有关施工人员做好一次性施工组织、专项方案和分项工程技术交底工作。主要专项施工方案，包括防水、钢筋、混凝土、模板、回填土、型钢混凝土组合结构、有黏结预应力技术、装修、交通导流、施工用电、临时设施等。根据工程特点，对重点、关键施工部位提出科学、可行的技术攻关措施。

(4) 工程测量准备 成立项目部测量组，组织测量人员参加工程交接桩及工程定位工作；编制测量方案，建立现场测量控制网（平面及高程网）。

(5) 验工程准备 现场建立标养室，配置与工程规模相适应的现场试验员，制定本项目检验、试验管理制度和程序。现场试验工作包括各种原材料取样、混凝土及其他试块（件）制作与临时养护、土工试验等。

3.1.2.2 施工现场准备

(1) 工程地基处理已经完毕，但现场场地与道路均不平整，故应进一步地进行三通一平工作，用推土机从北向南将基坑周围的场地推至平整，并有 2% 的坡度，坡度朝向排水沟，以利于现场排水，技术部门提前做好施工用水电设计，确保道路畅通、水电到位。

(2) 根据施工平面布置图和施工组织设计以及现场实际情况，提前恢复、完善各项临设施及搅拌站的建设，并做好安装运作调试工作。材料机械提前进场进行施工现场平面管理准备。

(3) 制定施工现场各类人员岗位责任制和有关规章制度，建立各单位台账，并做好宣传工作，划分各区责任人，实行定岗定位管理。

(4) 清理施工作业面上的材料，将原有钢筋表面水泥保护浆清理干净，除锈调直。

召开相关单位协调会，提前做好水电专业的配保工作，坚持每周召开生产碰头会，研究解决协调工程中的问题。

(5) 做好施工现场周围居民的工作。施工期尽量减少噪声，避免扰民，环保部门做好环保工作。

(6) 做好施工现场的安全保卫工作。现场配置保安人员，值班时间必须保证到位，夜间巡逻，重要部位（如钢筋加工厂、搅拌站、库房）应由专人负责看护。

3.1.2.3 施工用水准备

根据施工组织设计要求及现场实际情况，本工程考虑采用消防用水，施工用水两项，搅拌用水为场区统一设计，现场供水采用暗敷输送至楼前，设置大型蓄水池 5m×8m，深度 2.5m，采用高压泵向楼内供应施工及消防水管管径 ϕ75mm 每层均设置给水阀门。现场有 ϕ100mm 市政上水干管，从预留接口接出 ϕ75mm 施工干线，可满足施工与消防用水。

（1）供水　水源从建设单位上水管中接出，现场采用 $\phi75mm$ 的供水管径，经水表供入施工现场管网，管网布置沿现场用水点布置支管，埋入地下 50cm 深；各施工段用胶管接用，考虑到季节性供水短缺和周围的环境卫生，备蓄水（暗）池供施工用水。

（2）排水　现场所有排水沟均为暗沟，排入建设单位指定的家属区下水管道；为保证现场清洁卫生，做到文明施工，在混凝土搅拌站旁挖一个沉淀（暗）池，将沉淀后的水用泵抽到排水沟中。

3.1.2.4　施工用电准备

施工现场安排三路供电，建筑物北侧一路、电焊机一路、生活区一路。每隔一层各设流动配电箱一个，所有动力线路均埋地暗敷引入，分别设配电箱控制，夜间照明采用低压行灯。

3.1.2.5　物资准备

（1）编制物资计划　主要包括：钢材、混凝土、架料、模板及支撑系统；辅助施工材料及设施；应急处置材料；防水材料；门窗；各种装修材料；水、电、设备等专业相关的材料及设备等。

（2）物资采购与委托加工

1）根据进度计划情况及时编报物资申请计划。材料采购前认真询价，做到对所购材料的价格、质量有清楚的认识，确定合格资质的供货商，做好材料的采购、供货工作。

2）严把材料质量关，对本工程所需材料、物资坚持质量第一的原则，杜绝劣质产品进场。所有材料进场时均由项目专职质检员、材料员、技术员共同验收，未经验收合格的材料一律不得使用，不合格材料严禁进入施工现场；装修阶段业主指定的分供方材料、设备及业主指定的分包工程材料进场后由项目部质检人员进行验收，协助业主和分包把关，以确保进场材料质量，确保工程质量。在此基础上，还应督促供货方提供产品质量合格证书，需复测的材料进行测试，确保供货质量。

3）在采购、运输过程中对工程所需材料、物资的规格、型号、数量认真进行核对，要确保无误。

4）易损、易耗物资要认真包装，以免运输途中受损，并根据情况在采购中加一定的损耗量，以满足工程的需要。

3.1.2.6　生产准备

根据施工进度计划，组织现场各类施工机械、设备及用于垂直运输的外用电梯等机械进场，按总平面布置安装、调试。

施工机械准备中，重点是塔吊和混凝土施工设备的安装就位。尽早完成塔吊基础施工。结构基础垫层施工之前，塔吊及混凝土地泵安装就位，并通过验收达到使用条件。

（1）大型机械的选择

1）塔吊的选择　由于现场施工场地较大，结合工程所需吊次，并综合考虑最大吊重、回转半径、建筑层高等因素，拟在结构施工期间布置一台半径 35m 塔吊，塔吊的具体位置详见现场施工平面图。

2）混凝土机械的选择　考虑到该工程北侧为现场主要运输通道，东侧、南侧场地狭窄，为了便于管理及方便罐车出入，拟在该楼西侧及东北侧分别设置一台 HB-80 型混凝土输送泵（其中东北侧混凝土输送泵待东侧裙房结构封顶后即可拆除），混凝土罐车到达现场后，通过混凝土输送泵将混凝土泵送至现场操作面，布料杆配合下料。

（2）人员的准备

1）作业队伍的选择　按择优提前选择劳务队伍，并审查劳务队伍资质。劳务队应按施工所需陆续安排其进场，并在进场时对其进行安全、治安、环保、卫生等方面的教育，并进行针对性的技术、质量标准和现场管理制度的培训，签订工程劳务合同，完善劳务用工手续。

2）后勤保障　针对施工现场场地实际情况，为方便施工，项目部管理人员及作业人员尽可能安排在场内的生活区居住。服务设施齐全，力求使施工人员住着方便舒适。

3）劳动力安排　根据周进度计划安排，找出关键工序，合理组织劳动力，精心策划优化劳动力组合，确保各工序合理工期，避免在施工中出现因个别工序未完成而影响其他工序造成窝工现象。同时责任落实到人，赏罚分明，对缩短了工序工期的班组予以奖励，影响工序工期的作业班组和个人予以罚款。

4）作业队的管理　作业队采取三级管理方式，即一级为作业队长、二级为质检员和施工员、三级为班组长，明确权力，落实责任；专业工种严格执行持证上岗制度，杜绝无证操作。

3.2　各分部工程施工方法

3.2.1　施工测量

（1）平面控制系统；

（2）高程控制系统；

（3）垂直度的控制；

（4）沉降观测的控制；

（5）地下室施工测量；

（6）主体施工阶段的测量控制。

3.2.2　塔吊安装的施工方案

3.2.2.1　塔吊选型

本建筑群选用 1 台半径 50m 的塔式起重机，此塔吊自身要求基础的土质坚固牢实，承载力≥20t/m²。

3.2.2.2　塔吊基础

由于本工程地质情况较好故采用浅基础。

3.2.2.3　塔吊定位及施工

（1）塔吊基础定位详见施工平面图。

（2）基础施工前应由塔吊拆装队技术负责人进行如下几方面的技术交底：混凝土强度等级、钢筋配置图、基础与建筑平面图、基础剖面图、基础表面平整度要求、预埋螺栓误差要求等，接底人为工程施工负责人，双方书面交接。基础施工应由塔机所有部门派专人监督整个施工过程，同时做好各个隐蔽验收记录，如钎探记录、地基隐蔽工程验收记录等。施工完毕做好混凝土的养护，混凝土强度达到要求后方可安装塔吊。

（3）顶面用水泥砂浆找平，用水准仪校水平，倾斜度和平整度误差不超过 1/5000。

（4）机脚螺栓位置、尺寸要绝对正确，应特别注意做好复核工作，尺寸误差不超过±0.5mm，螺纹位必须抹上黄油，并注意保护。

3.2.2.4　场地及机械设备人员等准备

（1）在塔基周围，清理出场地，场地要求平整，无障碍物；

（2）留出塔吊进出堆放场地及吊车、汽车进出通道，路基必须压实、平整；

（3）塔吊安拆范围上空所有临时施工电线必须拆除或改道；

（4）机械设备准备：汽车吊一台，电工、钳工工具，钢丝绳一套，U形环若干，水准仪、经纬仪各一台，万用表和钢管尺各一支；

（5）塔吊安拆必须由专业的安拆人员进行操作。

3.2.2.5　塔吊的安装及调试

（1）安装要求　轴销必须插到底，并扣好开口销。基脚螺丝及塔身连接螺丝必须拧紧。附墙处电焊必须有专职电焊工焊接。垂直度必须控制在1/1000以内。

（2）塔吊的安装顺序　校验基础→安装底架→安装基础节→安装三个标准节→安装预升套架→安装回转机构总成→安装塔帽→安装司机室→安装平衡臂→吊起1～2块平衡重（根据设计要求）→拼装起重臂→吊装起重臂→吊装余下配重。各道工序严格按标准要求施工，上道工序未完严禁进行下道工序。

（3）注意事项　安装人员必须戴好安全帽；严禁酒后上班；非安装人员不得进入安装区域。安装拆卸时必须注意吊物的重心位置，必须按安装拆卸顺序进行安装或拆卸，钢丝绳要拴牢，卸扣要拧紧，作业工具要抓牢，摆放要平稳，防止跌落伤人，吊物上面或下面都不准站人。基本高度安装完成后，应注意周围建筑物及高压线，严禁回转或进行吊重作业，下班后用钢筋卡牢。

（4）塔吊的顶升作业

1）先将要加的几个标准节吊至塔身引入的方向一个个依次排列好，然后将大臂旋转至引进横梁的正上方，打开回转制动开关，使回转处于制动状态。

2）调整好爬升架导轮与塔身之间的间隙，以3～5mm为宜，放松电缆的长度，使至略大于总的爬升高度，用吊钩吊起一个标准节，放到引进横梁的小车上，移动小车的位置，使塔吊的上部重心落在顶升油缸上的铰点位置上，然后卸下支座与塔身连接的8个高强度螺栓，并检查爬爪是否影响爬升。

3）将顶升横梁挂在塔身的踏步上，开动液压系统，活塞杆全部伸出后，稍缩活塞杆，使爬爪搁在塔身的踏步上，接着缩回全部活塞杆，重新使顶升横梁挂在塔身的上一级踏步上，再次伸出全部活塞杆，此时塔身上方刚好出现能装一节标准节的空间。

4）拉动引进小车，把标准节引到塔身的正上方，对准标准节的螺栓联结孔，缩回活塞杆至上、下标准节接触时，用高强度螺栓把上下标准节联结起来，调整油缸的伸缩长度，用高强度螺栓将上下支座与塔身联结起来。

5）以上为一次顶升加节过程，连续加节时，重复以上过程，在安装完8个标准节后，塔机才能吊重作业。

（5）顶升加节过程中的注意事项

1）自顶升横梁挂在塔身的踏步上到油缸的活塞杆全部伸出，套架上的爬爪搁在踏步上这段过程中，必须认真观察套架相对顶升横梁和塔身的运动情况，有异常情况立即停止顶升。

2）自准备加节，拆除下支座与塔身相连的高强度螺栓，至加节完毕，联结好下支座与塔身之间的高强度螺栓，在这一过程中严禁起重臂回转或作业。

3）连续加节，每加一个标准节后，用塔吊自身起吊下一个标准节之前，塔机下支座与塔身之间的高强螺栓应连接上，但可不拧紧。

4）所加标准节有踏步的一面必须对准。

5）塔机加节完毕，应使套架上所有导轮压紧塔身主弦杆外表面，并检查塔身标准节之间各接头的高强螺栓拧紧情况。

6）在进行顶升作业过程中，必须有专人指挥，专人照管电源，专人操作爬升机构，专人紧固螺栓。非有关操作人员，不得登上爬升架的操作平台，更不能擅自启动泵阀开关和其他电气设备。

7）顶升作业须在白天进行，若遇特殊情况，需在夜间作业时，必须有充足的照明设备。

8）只许在风速低于 13m/s 时进行顶升作业，如在顶升过程中突然遇到风力加大，必须停止顶升作业，紧固各连接螺栓，使上下塔身联结成一体。

9）顶升前必须放松电缆，使电缆放松长度略大于总的爬升高度并做好电缆的坚固工作。

10）在顶升过程中，因把回转机构紧紧刹住，严禁回转及其他作业。如发现故障，必须立即停车检查，未查明原因、未将故障排除，不得进行爬升作业。

（6）调试标准　必须按塔吊性能表中的重量进行限位及力矩限位，各限位开关调好后，必须动作灵敏，试用 3 次，每次必须合格。联结好接地线，接地线对称二点接地，接地电阻不大于 4Ω。

3.2.2.6　塔吊的拆卸

（1）工地使用完毕后，必须及时通知公司，由公司派人拆除。

（2）塔吊的塔身下降作业：

1）调整好爬升架导轮与塔身之间的间隙，以 3～5mm 为宜，移动小车的位置，使塔吊的上部重心落在顶升油缸上的铰点位置上，然后卸下支座与塔身连接的 8 个高强度螺栓，并检查爬爪是否影响塔吊的下降作业。

2）开动液压系统，活塞杆全部伸出后，将顶升横梁挂在塔身的下一级踏步上，卸下塔身与塔身的连接螺栓，稍升活塞杆，使上下支座与塔身脱离，推出标准节到引进横梁顶端，接着缩回全部活塞杆，使爬爪搁在塔身的踏步上，再次伸出全部活塞杆，重新使顶升横梁在塔身的上一级踏步上，缩回全部活塞杆，使上下支座与塔身连接，并插上高强度螺栓。

3）以上为一次塔身下降过程，连续下降塔身时，重复以上过程。

4）拆除时，必须按照先降后拆附墙的原则进行拆除，设专人现场安全监护，严禁操作场内人流通行。

（3）拆至基本高度时，用汽车吊辅助拆除，必须按拆卸顺序进行拆除。

（4）注意事项同顶升加节过程。

3.2.2.7　附墙装置的拆装

当塔机高度超过独立高度时，应立即与建筑物进行附着。首先根据说明书确定附着点高度，下好预埋件。如果首道附着点不在指定位置上，附着点只能降低不能提高；如果附着点离建筑物较远，应重新设计计算，并经审批后方可施工。

（1）在升塔前，要严格执行先装后升的原则，即先安装附墙装置，再进行升塔作业，当自由高度超过规定高度时，先加装附墙装置，然后才能升塔。

（2）在降塔拆除时，也必须严格遵守先降后拆的原则，即当爬升套降到附墙不能再拆塔身时，不能拆除附墙，严禁先拆附墙后再降塔。

3.2.2.8　塔吊的日常维护和操作使用

（1）维护与保养

1）机械的制动器应经常进行检查，并调整制动瓦和制动轮的间隙，以保证制动的灵活可靠，其间隙在 0.5～1mm 之间，在摩擦面上不应有污物存在，遇有异物即用汽油洗净。

2）减速箱、变速箱、外啮合齿轮等部分的润滑指标进行添加或更换。

3）要注意检查各部钢丝绳有无断股和松股现象，如超过有关规定，必须立即更换。

4）经常检查各部位的联结情况，如有松动，应予拧紧，塔身联结螺栓应在塔身受压时检查松紧度，所有联结销轴必须带有开口销，并需张开。

5）安装、拆卸和调整回转机械时，要注意保证回转机械和行星减速器的中心线与回转大齿圈的中心线平行，回转小齿轮与大齿轮圈的啮合面不小于 70%，啮合间隙要合适。

6）在运输中尽量设法防止构件变形及碰撞损坏；必须定期检修和保养；经常检查结构联结螺栓、焊缝以及构件是否损坏、变形和松动。

（2）塔吊的操作使用

1）塔顶的操作人员必须经过训练，持证上岗，了解机械的构造和使用方法，必须熟知机械的保养和安全操作规程，非安装维护人员未经许可不得攀爬塔机。

2）塔机的正常工作气温为 $-20～40℃$，风速低于 20m/s。

3）在夜间工作时，除塔机本身备有照明外，施工现场应备有充足的照明设备。

4）在司机室内禁止存放润滑油、油棉纱及其他易燃易爆物品。冬季用电炉取暖时更要注意防火，原则上不许使用。

5）塔顶必须定机定人，专人负责，非机组人员不得进入司机室擅自进行操作。在处理电气故障时，必须有维修人员两个以上。

6）司机操作必须严格按"十不吊"规则执行。

7）塔上与地面用对讲机联系。

3.2.2.9　安全措施

（1）按住房和城乡建设部《塔式起重机拆装许可证》要求，配备相关人员，明确分工，责任到人。

（2）上岗前必须对上岗人员进行安全教育，必须戴好安全帽，严禁酒后上班。

（3）塔机的安拆工作时，风速超过 13m/s 和雨雪天，应严禁操作。

（4）操作人员应佩戴必要的安全装置，保证安全生产。

（5）严禁高空作业人员向下抛扔物体。

（6）未经验收合格，塔吊司机不准上台操作，工地现场不得随意自升塔吊、拆除塔吊及其他附属设备。

（7）严禁违章指挥，塔吊司机必须坚持"十个不准吊"。

（8）夜间施工必须有足够的照明，如不能满足要求，司机有权停止操作。

（9）拆装塔机的整个过程，必须严格按操作规程和施工方案进行，严禁违规操作。

（10）多塔作业时，要制定可靠的防碰撞措施。

3.2.2.10　塔吊的沉降、垂直度测定及偏差校正

（1）塔吊基础沉降观测半月一次。垂直度在塔吊自由高度时半月一次测定，当架设附墙后，每月一次（在安装附墙时必测）。

（2）当塔机出现沉降，垂直度偏差超过规定范围时，须进行偏差校正，在附墙未设之前，在最低节与塔吊机脚螺栓间加垫钢片校正，校正过程用高吨位千斤顶顶起塔身，顶塔身之前，塔身用大缆绳四面揽紧，在确保安全的前提下才能起顶塔身当附墙安装后，则通过调节附墙杆长度，加设附墙的方法进行垂直度校正。

3.2.2.11　操作措施

(1) 夜间作业时，应该有足够亮度的照明。

(2) 司机在操作时必须专心操作，作业中不得离开司机室，起重机运转时，司机不得离开操作位置。

(3) 司机要严格遵守换班制度，不得疲劳作业，连续作业不许超过 8 小时。

(4) 司机室的玻璃应平整、清洁，不得影响司机的视线。

(5) 在作业过程中，必须听从指挥人员指挥，严禁无指挥操作，更不允许不服从指挥信号擅自操作。

(6) 回转作业速度要慢，不得快速回转。

(7) 塔吊严禁在雷雨、大风、浓雾天气作业，雷雨天气严禁有人在塔机附近停留。

(8) 操作后，吊臂应转到顺风方向，并放松回转制动器，并且将吊钩起升到最高点，吊钩上严禁吊挂重物。

3.2.3　基础工程施工方法

3.2.3.1　基础工程施工工序

基础土方开挖（支护）→验槽→垫层施工→基础导墙砖模砌筑→防水卷材施工→防水保护层浇筑→筏板钢筋绑扎→筏板模板→基础筏板混凝土浇灌。

模板工程工作量小，施工简便，所以不考虑划分施工段，整体为一个施工段；钢筋及混凝土浇筑工程，组织简单流水施工。

3.2.3.2　砖胎模、梁侧模工程

采用砖胎模，但基础梁侧模用竹胶合模板。

(1) 砖胎模

1) 施工准备

① 混凝土垫层已浇筑完毕，且表面平整、干净，基坑槽的开挖尺寸已复核，符合设计要求。标高检查合格，周围有足够的砌砖空间。

② 轴线已复核无误，并且又放出砖胎模的外边线，边线尺寸已增加粉刷的厚度，已测量好其标高，地下水位已降至混凝土垫层以下 500mm。

③ 皮数杆按其要求制作完毕，并已安放到位，承台四角各放一根，地梁胎模皮数杆以长度 10~12m 放一根，各异型承台按实际需要增减皮数杆的安置根数。

④ 各种预埋件已安装完毕，隐蔽工程已验收。

⑤ 所需的砌筑材料已运至现场，砖已提前浇水湿润。

⑥ 施工机具试运转正常，施工人员按工种的施工位置已经安排完成，各自所需的工具、机械已经到位。

⑦ 做好班前的技术及安全交底，使施工员对各承台、异型承台的几何尺寸、高度、梁的高度、宽度彻底地了解。以及在施工过程中应注意的安全问题。

2) 施工方法及工艺要求

① 砌砖的工艺流程

浇湿砖块→抄平放线→立皮数杆→送砖、砂浆→摆砖样→砌砖→复测水平标高、修砖缝、清理砖墙→清理落地灰→砖样内侧水泥砂浆粉刷→交付下道工序施工。

② 施工方法

本工程砖胎模用砖采用 240mm×115mm×53mm 页岩砖，因此必须提前一天浇水湿润，以免过多吸走砂浆中的水分而影响黏结力，并可除去表面灰尘，但不能浇水过多，含水率宜为 10%～15%。

根据原始的水平点引入承台或梁底等部位，做好基准点，其标高数据应与设计深度相一致。各承台与梁的轴线尺寸由专业测量员引入，并弹好十字中心线，对于各异型承台与梁的轴线尺寸应明确告知班组长，以免各轴线之间的尺寸造成混乱。

根据测好的水平点，立好皮数杆，同一水平内地梁，其皮数杆的底部标高必须一致，皮数杆的根数以能控制其所砌砖墙标高水平一致为准，如基底高差超过 20mm 就应用细石混凝土找平，再试摆第一皮砖。

本工程砖胎模采用 M5 水泥砂浆砌筑，砂浆稠度宜为 7～10cm。用砂浆搅拌机拌和，要求拌和均匀，拌和时间一般以所拌和材料拌和均匀为准。砂浆应随拌随用。水泥砂浆应在拌后 3h 内用完。砂浆的堆放，应离砌砖位置较近。砖堆场应在所砌墙外 500m 处。

试摆的第一皮砖要尽量使用整砖，把半砖等不是整砖的砖摆放在转角或边上。砖与砖之间立缝宽度不能超过 10mm，水平缝不能超过 10mm，不应小于 8mm。断砖的使用应分散合理组砌，不得在完工后有断砖的剩余。

按照皮数杆上所刻的砖层数砌筑，砌筑时在转角处不能留直槎，也不能留凸槎，只能采用留斜槎的方法砌筑。最好是一起砌筑。如直线长度超过 3m 应在墙外增设 370 砖柱，以增加稳定性。对过高过长的墙体待完工后应及时进行加固处理，防止失稳倒塌。

砌筑时必须采用"三、一"砌筑法，铺砖按一顺一丁或梅花砌法组砌，做到里外咬槎，上下层错缝，竖缝至少错开 1/4 砖长，底砖与顶砖的一层砖必须用丁砖摆砌，墙面的质量及外观按清水墙的要求砌筑。

当所砌部位砖墙接近顶部时，要及时进行标高复核及轴线复核，分段与分段之间砌筑应保持其轴线一致，不得在事后进行修凿。每砌完一个承台和梁的砖胎模后，要立即清理完里面的杂物和积水，对其所完工的墙面进行质量自检，清洁墙面、修理横竖灰缝，使其灰缝横平、竖直、清晰、美观。

砖胎模内侧的粉刷为 1:3 水泥砂浆底及面层进行压光，粉刷总厚度不超过 10mm。粉刷前应提前浇湿砖墙。水泥砂浆表面应光滑，无砂眼、起砂、起泡等质量缺隙，每完成一个承台及梁的粉刷，落地清理应及时跟上，做到工后场清，为后道工序施工提供方便。

砖胎模内侧粉刷时，应在砖胎膜内侧上口预先做好底板砼垫层厚度的包角，要求边角水平、顺直，要有利于混凝土垫层施工的搭接，且无明显的接槎痕迹。待砖胎膜粉刷完成且通过自检合格后，及时上报监理进行验收，及时做好验收签证手续。

3）安全技术要求

① 砌砖胎模的砖块，砌筑前应在地面上用水淋湿至规定要求，不应到操作地点才进行浇湿，以免造成场地湿滑。

② 雨季施工不得使用过湿的砖块，以免砂浆流淌，影响砌体质量。雨季施工应做好防雨措施，严防雨水冲走砂浆，造成砌体倒塌。

③ 车子运输砖、砂浆距离不应小于 10m。禁止并行或超车。

④ 用起重机运砖时，应采用砖笼，吊装砂浆的料斗不能装得过满。吊钩要扣稳，而且要待吊物下降至离地 1m 以内时，人员才可以靠近。吊运物料时，吊臂回转范围内的下面不得有人员等行走或停留。

⑤ 严禁用抛掷方法递砖、石等材料，如用人工传递时，应稳递稳接，上下操作人员站

立位置应错开。

⑥ 操作地点临时堆放用料时，要放在平整坚实的地面上，不得放在湿滑积水或泥土松软崩裂的地方，基坑边 1m 以内不准堆料。

（2）基础梁侧模　为保证筏板成型施工，在已开挖完成的大基坑沿边线用页岩实心砖砌筑 240mm 厚挡土墙，同时为抵抗底板混凝土浇筑时产生的侧压力，挡土墙每隔 2.5m 在墙体与护壁之间设墙垛 370mm 宽，直抵基坑护壁面。由于挡墙高度较高，在挡墙与护壁面之间边砌筑边回填砂夹石。

1）基础梁侧模板采用定型组合竹胶合模板。垫层面清理干净后，先分段拼装，模板拼装前先刷好脱模剂。模板加固检验完成后，用水准仪定标高，在模板面上弹出混凝土上表面平线，作为控制混凝土标高的依据。

2）拆模的顺序为先拆模板的支撑管、木楔等，松连接件，再拆模板，清理，分类归堆。拆模前混凝土要达到一定强度，保证拆模时不损坏棱角。

3.2.3.3　钢筋工程

（1）施工准备

1）钢筋按型号、规格分类加垫木堆放，覆盖塑料布防雨雪。

2）盘条Ⅰ级钢筋采用冷拉的方法调直，冷拉率控制在 4% 以内。

3）对于受力钢筋，Ⅰ级钢筋末端（包括用作分布钢筋的Ⅰ级钢筋）做 180°弯钩，弯弧内直径不小于 $2.5d$，弯后的平直段长度不小于 $3d$。Ⅱ级钢筋当设计要求做 90°或 135°弯钩时，弯弧内直径不小于 $5d$。对于非焊接封闭筋末端做 135°弯钩，弯弧内直径除不小于 $2.5d$ 外，还不应小于箍筋内的受力纵筋直径，弯后的平直段长度不小于 $10d$。

4）钢筋绑扎施工前，在基坑内搭设高约 4m 的简易暖棚，以遮挡雨雪及保持基坑气温，避免垫层混凝土在钢筋绑扎期间遭受冻害。立柱用 $\phi50$ 钢管，间距为 3.0m，顶部纵横向平杆均为 $\phi50$ 钢管，组成的管网孔尺寸为 1.5m×1.5m，其上铺木板、方钢管等，在木板上覆彩条布，然后满铺草帘。棚内照明用普通白炽灯泡，设两排，间距 5m。

5）基础梁及筏板筋的绑扎流程：弹线→纵向梁筋绑扎、就位→筏板纵向下层筋布置→横向梁筋绑扎、就位→筏板横向下层筋布置→筏板下层网片绑扎→支撑马凳筋布置→筏板横向上层筋布置→筏板纵向上层筋布置→筏板上层网片绑扎。钢筋绑扎前，对模板及基层做全面检查，作业面内的杂物、浮土、木屑等应清理干净。钢筋网片筋弹位置线时用不同于轴线及模板线的颜色以区分开。梁筋骨架绑扎时用简易马凳作支架。具体操步骤为：按计算好的数量摆放箍筋→穿主筋→画箍筋位置线→绑扎骨架→撤支架就位骨架。骨架上部纵筋与箍筋宜用套扣绑扎，绑扎应牢固、到位，使骨架不发生倾斜、松动。纵横向梁筋骨架就位前要垫好梁筋及筏板下层筋的保护层垫块，数量要足够。筏板网片采用八字扣绑扎，相交点全部绑扎，相邻交点的绑扎方向不宜相同。上下层网片中间用马凳筋支撑，保证上层网片位置准确，绑扎牢固，无松动。

6）钢筋的接头形式，筏板内受力筋及分布筋采用绑扎搭接，搭接位置及搭接长度按设计要求。基础架纵筋采用单面（双面）搭接电弧焊，焊接接头位置及焊缝长度按设计及规范要求，焊接试件按规范要求留置、试验。

（2）施工措施

1）钢筋的检验与存放

① 钢筋进场应具有出厂证明书或试验报告单，并需分批做性能试验。如使用中发现钢

筋脆断、焊接性能不良和机械性能显著不正常时，还应进行钢筋化学成分分析。严禁不合格钢材用于该工程。

② 钢筋取样，每批重量不大于 60t。在每批钢筋中抽取任意两根钢筋上各取一套，每套试样从每根钢筋端部截去 50cm，然后再截取试样 3 根，2 根做拉力试验（包括屈服点、抗拉强度和延伸率），另一根做冷弯试验。试验时，如有一个试验结果不符合规范规定的数值时，则应另取双倍数量的试样，对不合格的项目做第二次试验，如仍有不合格，则该批钢筋不予验收，不能用在工程上。钢筋运到加工工地后，必须分批严格按同等级、同牌号、同直径、同长度分别挂牌堆放，不得混淆。

③ 存放钢筋场地要进行平整夯实，铺设一层碎石，条件允许可浇筑地坪，并设排水坡度，四周挖设排水沟，以利泄水。堆放时，钢筋下面要垫以垫木，离地且不宜少于 20cm，以防钢筋锈蚀和污染。

④ 钢筋半成品要分部、分层、分段并按构件名称、号码顺序堆放，同一部位或同一构件的钢筋要放在一起，并有明显标志，标志上注明构件名称、部位、钢筋型号、尺寸、直径、根数。

2）钢筋制作加工场地及加工机械

钢筋的加工在现场制作，现场安排所需各种加工机械。

① 作业安排　由于钢筋加工量大，且规格、型号繁多，必须周密部署，并根据总控制施工进度计划，编制详细的钢筋加工计划，各加工计划除和总进度计划吻合外，同时要满足现场实际进度需要。

② 钢筋加工　由专业人员进行钢筋翻样，完成配筋料表，配筋料表要经过技术负责人审核。现场专业工长审批后才能允许加工。钢筋加工成型严格按《混凝土结构工程施工质量验收规范》（GB 50204—2010）和设计要求执行。制作成型钢筋送达现场后，现场建立严格的钢筋质量检验制度、安全管理制度，不符合要求的一律退场，并制定节约措施，降低材料损耗。

3）钢筋安装

筏板基础钢筋的安装必须严格按照图纸和施工规范进行施工。

① 平板钢筋安装　工艺流程：绑板底下层网片钢筋—绑扎地梁、暗梁钢筋—绑扎底板上层网片钢筋。

② 绑板底下层网片钢筋

a. 根据在防水保护层弹好的钢筋位置线，先铺下层网片的长向钢筋，钢筋接头尽量采用焊接或机械连接，要求接头在同一截面相互错开 50%，同一根钢筋在 35d 或小于 500d 的长度内不得有两个接头。

b. 后铺下层网片上面的短向钢筋，钢筋接头尽量采用焊接或机械连接，要求接头在同一截面相互错开 50%，同一根钢筋尽量减少接头。

c. 防止出现质量通病：由于底板钢筋施工较复杂，此处一定要注意钢筋绑扎接头和焊接接头按要求错开问题。

d. 绑扎加强筋：根据图纸设计依次绑扎局部加强筋。

③ 绑扎地梁钢筋

在放平的梁下层水平主筋上，用粉笔画出箍筋间距。箍筋与主筋要垂直，箍筋转角与主筋交点均要绑扎，主筋与箍筋非转角部分的交点成梅花交错绑扎。箍筋的接头，即弯钩叠合处沿梁水平筋交错布置绑扎。

④ 绑扎底板上层网片钢筋

a. 铺设上层铁马凳　马凳用剩余短料焊接制成,马凳短向放置,间距 1.2～1.5m。

b. 绑扎上层网片下铁　先在马凳上绑架立筋,在架立筋上画好钢筋位置线,按图纸要求,顺序放置上层的下铁,钢筋接头尽量采用焊接或机械连接,要求接头在同一截面相互错开 50%,同一根钢筋尽量减少接头。

c. 绑扎上层网片上铁　根据在上层下铁上画好的钢筋位置线,顺序放置上层钢筋,钢筋接头尽量采用焊接或机械连接,要求接头在同一截面相互错开 50%,同一根钢筋尽量减少接头。

d. 绑扎暗柱和墙体插筋　根据放好的柱和墙体位置线,将暗柱和墙体插筋绑扎就位,并和底板钢筋点焊接牢固,要求接头均错开 50%,根据设计要求执行,设计无要求时,甩出底板面的长度≥$H/3$,暗柱绑扎两道箍筋,墙体绑扎一道水平筋。

e. 成品保护　绑扎钢筋时钢筋不能直接抵到墙砖模上,并注意保护防水。钢筋绑扎前,导墙内侧防水必须甩浆,做保护层,导墙上部的防水浮铺油毡加盖红机砖保护,以免防水卷材在钢筋施工时被破坏。

⑤ 剪力墙钢筋的安装

a. 工艺流程　立 2～4 根竖筋→画水平间距→绑定位横筋→绑其余横竖筋。

b. 立 2～4 根竖筋　将竖筋与下层伸出的搭接筋绑扎,在竖筋上面画好水平筋分档标志,在下部及其胸处绑两根横筋定位,并在横筋上画好竖筋分档标志,接着绑其余竖筋,最后绑其余横筋。横筋在竖筋里面或外面应符合设计要求。

c. 竖筋与伸出搭接筋的搭接处需绑 3 根水平筋,其搭接长度及其位置均符合设计要求。

⑥ 柱钢筋的安装

a. 工艺流程　套柱箍筋→搭接绑扎竖向受力筋→画箍筋间距线→绑箍筋。

b. 套柱箍筋　按图纸要求的间距计算好每根柱箍筋数量,先将箍筋套在下层伸出的搭接筋上,然后立柱子钢筋,在搭接长度内绑扣不少于 3 个,绑扣要向柱中心,如果柱子主筋采用光圆钢筋搭接,角部弯钩应与模板成 45°,中间钢筋的弯钩应与模板成 90°。

c. 搭接绑扎竖向受力筋　柱子主筋立起后,接头的搭接长度应符合设计要求。

⑦ 柱箍筋绑扎

按已画好的箍筋位置线,将已套好的箍筋往上移动,由上往下绑扎,宜采用缠扣绑扎。

箍筋与主筋要垂直,箍筋转角处与主筋交点均要绑扎,主筋与箍筋非转角部分的相交点成梅花交错绑扎。

箍筋的弯钩叠合处应沿柱子竖筋交错布置,并绑扎牢固。

有抗震要求的地区,柱箍筋端头应弯成 135°,平直部分长度不小于 10d（d 为箍筋直径）,如箍筋采用 90°搭接,搭接处应焊接,焊缝长度单面焊缝不小于 10d。

柱上下两端箍筋应加密,加密区长度及加密区内箍筋距应符合设计图纸及施工规范小于等于 100mm 且不大于 5d 的要求。如设计要求箍筋设拉筋时,拉筋应钩住箍筋。

柱筋保护层厚度应符合规范要求,主筋外皮为 30mm,垫块应绑在柱竖筋外皮上,间距一般 1000mm（或用塑料卡卡住在外竖筋上）,以保证主筋保护层厚度准确。同时,可采用钢筋定距框来保证钢筋位置的正确性。当柱截面尺寸有变化时,柱应在板内弯折,弯后的尺寸要符合设计要求。

⑧ 梁钢筋的安装

a. 工艺流程　画主次梁箍筋间距→放主次梁箍筋→穿主梁底层纵筋及弯起筋→穿次梁底层纵筋并与箍筋固定→穿主梁上层纵向架立筋→按箍筋间距绑扎→穿次梁上层纵向钢筋→按箍筋间距绑扎。

b. 在梁侧模板上画出箍筋间距，摆放箍筋。

c. 先穿主梁的下部纵向受力钢筋及弯起钢筋，将箍筋按已画好的间距逐个分开；穿次梁的下部纵向受力钢筋及弯起筋，并套好箍筋；放主次梁的架立筋；隔一定距离将架立筋与箍筋绑扎牢固；调整箍筋间距使间距符合设计要求，绑架立筋，再绑主筋，主次同时配合进行。次梁上部纵向钢筋应放在主梁上部纵向钢筋之上，为了保证次梁的保护层厚度和板筋位置，可将主梁上部钢筋降低一个次梁上部钢筋直径加以解决。

3.2.3.4　混凝土工程

（1）采用出厂合格的商品混凝土。

（2）浇混凝土前应做到以下内容。

① 钢筋已做完隐检验收，符合设计要求。

② 混凝土输送泵管支架已搭设完成，支架牢固可靠，并保证支撑件及其上的泵管不压钢筋及模板。支架支撑管件应独立设置，不能与模板支架或钢管连接。

③ 混凝土输送泵调试完毕，加水试压正常，泵管已连接，密封好。

④ 根据施工方案及技术措施要求已对班组进行过全面的施工技术交底。

（3）施工方法　先浇板，待混凝土初凝后再浇梁，南侧利用地形搭设溜槽，混凝土分层浇捣，每层厚度 300～500m，按"分段定点，一个坡度，薄层浇筑，循序渐进，一次到顶"的斜面分层的方法。采用插入式振捣器，插点间距和振捣时间应按施工规范要求进行，待最上一层混凝土浇筑完成 20～30min 后进行二次复捣。

混凝土表面处理。由于输送泵的坍落度及流动性大，最后一次混凝土振捣后，表面有较厚一层水泥浆层，混凝土硬化时很容易产生干缩裂缝，为此，应对混凝土表面进行处理。通常在混凝土处凝前 1～2h 在混凝土表面二次用木抹子收光拉毛。

浇筑基础底板混凝土时，必须连续浇筑，不得留施工缝，并采取有效措施降低水化热和降低混凝土的内外温差，保证大体积混凝土无裂缝。基础底板与周围外墙及内墙应一次整体浇筑至底板面 300mm 以上。

3.2.4　土方工程

3.2.4.1　土方挖运工艺流程

设备进场→挖土→装车→拍土→外运→人工挖土。

3.2.4.2　施工方法

3.2.4.3　施工准备

（1）主要机具；

（2）作业条件。

3.2.4.4　设计方案

（1）开挖方案；

（2）高程控制；

（3）边坡修理；

（4）人防的破碎、挖除；

（5）土方外运；

（6）槽边安全防护；

（7）护坡；

（8）开挖顺序。

3.2.4.5 施工时间

2011 年 6 月。

3.2.4.6 施工要求

（1）开挖现场要有专人指挥，测量人员及时补撒灰线，以保证开挖位置准确。

（2）自制坡度尺，随时控制并保证边坡的准确。

（3）现场要有专人负责清理车轮胎上的泥土，同时设专人清扫道路。

（4）每步挖土必须引入高程控制点，每步挖土深度允许偏差 20cm。

（5）修坡人员密切配合司机及时修坡，保证基坑边界平整美观。

（6）基坑四周及时搭设红白相间的安全护栏，夜间设置警示灯。

（7）清底人员及时将多余的土方清倒在挖掘机工作半径内，及时运走，并且测量人员在槽底跟班作业，及时校对坑底标高。

（8）挖土接近槽底时，要有一人专门负责指挥挖掘机，防止超挖。挖槽上口及下口时，注意白灰控制线。

（9）挖底边时，用钢管作标尺，在一端挂线，吊线坠垂到坑底，并随时用经纬仪校核。

（10）地基开挖过程中，注意地下障碍物情况，如发现不明物，要及时上报，讨论研究，及时制定措施。

3.2.4.7 质量要求

（1）基坑的基土土质必须符合设计要求，并严禁扰动。

（2）允许偏差及检验方法，见表 5。

表 5　允许偏差及检验方法

序　号	项　目	允许偏差	检验方法
1	标高	{0，−50}	用水准仪检查
2	基础底面长度、宽度	{0，100}	用经纬仪、拉线和尺量检查
3	边坡	{0，100}	观察和用坡度尺量

3.2.4.8 工期、进度

调整工期（其他因素影响）2d。总工期 196d。

3.2.4.9 成品保护

（1）开工前应请有关单位将建筑地点的地下障碍物及管线介绍清楚，以免发生意外，地上障碍物清除干净。

（2）现场定位桩、引桩、高程桩均用红机砖砌筑围护，运输车和挖掘机均不得碰动，设专人看护。

（3）挖成的基坑边缘外 2.5m 以内，不得行走运输车辆，防止破坏边坡。

（4）施工中发现地下藏物，及时汇报。

（5）基槽基底的土质严禁扰动。

（6）基底标高允许偏差−5～0cm。

3.2.4.10　安全、消防及环保措施

(1) 施工前施工总负责人要向全体参加施工人员进行安全交底。

(2) 进入施工现场人员要戴好安全帽。

(3) 施工中禁止向基坑内投掷物品,以免造成不必要的伤害。

(4) 现场必须设统一的调度对车辆进行管理,避免对车身清理的工人造成伤害。

(5) 运输的车辆必须进行封闭,避免洒落。

(6) 挖土必须避开有大风天气,平时必须对现场进行洒水。

(7) 挖土时及时将已挖好的槽坡顶部做好防护栏杆。

(8) 使用挖土机械前,发出使用信号。挖土时,在挖土机作业半径范围内,不许进行其他作业。

(9) 塔吊基础施工时,必须注意吊车距离坡体的距离,确保施工安全。

(10) 成立安全领导小组,设立专职安全员。

(11) 运土车出场要干净,不得将土遗落在马路上。

(12) 往外运土时,要注意车速,避免扰民。

(13) 施工现场要严禁打斗、吸烟。

(14) 控制现场噪声,减少环境污染。

(15) 密切注意天气预报,如有不好天气,及时采取各种措施,保证施工安全。

3.2.5　砌体施工方案

本工程框架部分外墙为250mm厚陶粒空心砖墙及35mm厚聚苯颗粒保温复合墙体;内墙均为200mm/100mm厚煤陶粒空心砖砌体。凡到顶之墙体,顶部砌一层斜立砖,与梁底或板底顶紧,斜立砖必须等下部砌体沉实后再砌。

3.2.5.1　工艺流程

楼面清理→墙体放线→砌体浇水→制备砂浆→砌块排列→铺砂浆→砌块就位→校正→砌筑镶砖→竖缝灌砂浆→勒缝。

3.2.5.2　砌块含水的保证

砌块收缩变形较大,为了避免工程中砌体出现收缩裂缝,我方将会同甲方、监理,严把质量关,选择达到养护期的砌块。上墙砌块必须在砌筑前一天浇水湿润,含水率为10%～15%,不得使用含水率达饱和状态的砖砌墙。严禁雨天施工,砌块表面有浮水时亦不得进行砌筑。

3.2.5.3　砂浆搅拌

砂浆配合比应采用质量比,计量精度水泥为±2%,砂、灰膏控制在±5%以内。用机械搅拌,搅拌时间不少于1.5min。

3.2.5.4　施工方法

(1) 砌筑前根据砌块皮数制作皮数杆,并在墙体转角及交接处竖立,皮数杆间距不得超过15m。组砌方法:砌体采用满条砌法。

(2) 选择棱角整齐,无弯曲、裂纹,颜色均匀,规格基本一致的砖。

(3) 砌筑之前,应将楼面浮浆、杂物等剔凿清理干净,按图纸的轴线位置放出墙身位置线、门窗口等的位置线。用C20细石混凝土找平地面,严禁用砂浆做找平层。在砌筑前结合砌块的品种、规格绘制排列图,经审核无误,按图排列砌块,排列时尽可能采用主规格砌块。砌块排列上、下皮应错缝搭砌,搭砌长度为砌块的1/2。转角及纵墙交接处,将砌块分皮咬槎，交错搭砌。砌体垂直缝与门窗洞口边线应避开通缝，且不得用砖镶砌。砌筑时尽量不镶砖或少镶砖，必须使用时，应采用整砖平砌，且尽量分散，镶砌砖的强度不应小于砌块强度等级。用普通黏土砖镶砌前后一皮砖，必须选用无横裂的整砖，顶砖镶砌，不得使用半砖。水平灰缝应平直，砂浆饱满，按净面积计算的砂浆饱满度不应低于90%。竖向灰缝应采用加浆方法，使其砂浆饱满，严禁用水冲浆灌缝，不得出现瞎缝、透明缝，其砂浆饱满度不得低于80%，水平、竖直灰缝宽度10mm。需要移动已砌好的砌块或对被撞动的砌块进行修整时，应清除原有砂浆后，再重新铺浆砌筑。墙体转角处，应隔皮纵横墙砌块相互搭砌。砌块墙的T字交接处，应使横墙砌块隔皮端面露头。在砌筑砂浆终凝前后的时间，应将灰缝刮平。

(4) 留槎：外墙转角处应同时砌筑。内外墙交接处必须留斜槎，槎子长度不应小于墙体高度的2/3，槎子必须平直、通顺。分段位置应在变形缝或门窗口角处，隔墙与墙或柱不同时砌筑时，可留阳槎加预埋拉结筋。作为后砌隔墙，沿墙高每隔500mm与柱内预留两根直径6mm钢筋拉结，钢筋深入墙内的长度不应小于1000mm，在砌筑砌块时，将此拉结钢筋伸出部分埋置于砌块墙的水平灰缝中。另外在砖墙拐角、交接处也设此拉结钢筋。

(5) 专业管线的安装：专业管线的安装应随隔墙砌筑一起进行，相互配合，安装时严禁随意在墙体上开洞，以免对墙体造成破坏，安装完毕应及时通知土建对其孔洞进行封堵。

(6) 构造柱做法：在砌砖前，先根据设计图纸将构造柱位置进行弹线，并把构造柱插筋处理顺直。砌砖墙时，与构造柱连接处砌成马牙槎。

3.2.5.5 质量标准

(1) 砂浆品种及强度应符合设计要求。同品种、同强度等级砂浆各组试块抗压强度平均值不小于设计强度值，任一组试块的强度最低值不小于设计强度的75%。

(2) 砌体砂浆必须密实饱满，实心砖砌体水平灰缝的砂浆饱满度不小于90%。

(3) 砌体上下错缝，砖柱、砖垛无包心砌法；窗间墙面无通缝；混水墙每间（处）无4皮砖的通缝（通缝指上下二皮砖搭接长度小于25mm）。

(4) 砖砌体接槎处灰浆应密实，缝、砖平直，每处接槎部位水平灰缝厚度小于5mm或透亮的缺陷不超过5个。

(5) 预埋拉筋的数量、长度均符合设计要求和施工规范的规定，留置间距偏差不超过一皮砖。

(6) 构造柱留置正确，大马牙槎先退后进、上下顺直；残留砂浆清理干净。

(7) 允许偏差及项目见表6。

表6 允许偏差及项目

项 次	项 目	允许偏差/mm	检 查 方 法
1	轴线位置偏移	10	用经纬仪或拉线和尺量检查
2	垂直度	≤10m:10	
		>10m:20	
3	水泥、灰缝厚度(10皮砖累计数)	±8	与皮数杆比较尺量检查
4	门窗洞口宽度	±5	
5	预留构造柱(宽度、深度)	±10	尺量检查

3.2.5.6　注意的质量问题

（1）碎块上墙。原因是施工搬运中损坏较多，事前又不进行黏结，随意将破碎块砌墙，影响墙体的强度。应在砌筑前先将断裂块加工粘制成规格尺寸，然后再用。碎小块未经加工不得使用。

（2）墙体与板梁底部的连接不符合要求，出现较大空隙。原因是结构施工时板、梁底部未事先留置拉结筋，砌筑时又不采取拉结措施，影响墙体的稳定性。在结构施工时按要求在板、梁底部留好拉结筋，按要求做到墙顶连接牢固。

（3）黏结不牢。原因是用混合砂浆加 107 胶代替黏结砂浆使用，导致黏结不牢。应按操作工艺要求的配合比调制黏结砂浆，砌筑时用力挤压密实。

（4）拉结钢筋不符合规定。原因是拉结筋、拉结带不按规定预留、设置，造成砌体不稳定。拉结筋、拉结带应按设计要求留置，具体间距可视砌块灰缝而定，但不大于 100mm。

（5）门窗洞口构造做法不符合规定。原因是未事先加工混凝土块，不符合设计构造大样图的规定，造成门窗洞口不牢。应先预制加工好足够的混凝土垫块，注意过梁梁端压接部位按规定放好四皮机砖，或放混凝土垫块。宜在门窗洞上口设钢筋混凝土带并整道墙贯通。

（6）灰缝不匀。原因是砌筑前对灰缝大小不进行计算，不做分层标记，不拉通线，使灰缝大小不一致，应先对墙体尺寸及砌块规格进行安排，适当调配皮数，将灰缝做出标记，拉通线砌筑，做到灰缝基本一致、墙面平整、灰缝饱满。

（7）排块及局部做法不合理。原因是砌筑前对整体立面、剖面及水平砌筑时不按规定排块，造成构造不合理，影响砌体质量。砌筑时排块及构造做法，应依照有关规定执行。

3.2.6　脚手架专项安全施工方案

3.2.6.1　脚手架搭设总则

脚手架的搭设必须符合规范要求，保证作业人员的安全。脚手架搭设完后，必须组织有关部门和人员进行检查验收，合格后方可使用。

3.2.6.2　脚手架的搭设

① 用扣件、钢管搭设的脚手架，是施工临时结构，它要承受施工过程中的各种垂直和水平荷载。因此，必须有足够的承载能力、刚度和稳定性。

② 在大横杆与立杆的交点处，必须设置小横杆并与大横杆卡牢。整个架子要设置必要的支撑点与连墙点，以保证脚手架成为一个稳固的结构。

③ 外脚手架的搭设：沿建筑物周围连续封闭，如因条件限制不能封闭时，应设置必要的横向支撑，端部设置连墙点。

3.2.6.3　脚手架支撑的设置

脚手架纵向支撑在脚手架的外侧，沿高度方向由下而上连续施设。纵向支撑宽度宜为 3～5 个立杆纵距，斜杆与地面夹角度为 45°～60°范围。纵向只撑应用旋承件与立杆和横向水平杆扣牢，连接点与脚手架节点不大于 200mm；纵向钢筋支撑的接长，宜采用对接扣件对接连接，当采用搭接时，搭接长度不小于 400mm，并用两只十字扣件扣牢。为便于施工操作层处的横向支撑可临时拆除，待施工转入另一施工层再设置。脚手架的横向支撑不宜随意拆除。

3.2.6.4　钢管脚手架的拆除

拆除脚手架必须有拆除方案，并认真对操作人员进行安全技术交底，拆除时应设置警戒区，设立明显标志，并有专人警戒。拆除顺序：自上而下进行，不能上下同时作业。连墙壁点必须与脚手架同时拆除，不允许分段分立面拆除。拆除下的扣件和配件应及时运至地面，严禁高空抛投。

3.2.6.5　安全设施

(1) 安全网是建筑施工安全防护的重要设施之一，按悬挂方式分为垂直与水平设置两种。

(2) 垂直设施安全网于脚手架的外侧，一般用密封安全网，四周满挂围护，安全网封闭严密，与脚手架固定牢固。由建筑物的二层起，设水平安全网，往上每隔一层设置一道。

3.2.7　钢筋工程施工方案

(1) 施工过程控制

(2) 作业条件

(3) 钢筋绑扎　柱基础钢筋绑扎、混凝土柱钢筋绑扎、梁钢筋绑扎、楼板钢筋绑扎。

(4) 质量控制　钢筋原材要求、钢筋原材复试、钢筋接头试验（直螺纹连接）、配料加工方面。

(5) 成品保护。

3.2.8　模板工程施工方案

3.2.8.1　模板材料

采用 15mm 厚竹胶合板，木方作楞，配套穿墙螺栓 M14 使用。竖向内楞采用 60mm×80mm 木方，水平外楞采用 80mm×100mm 木方。加固通过在双钢管处打孔拉结穿墙螺栓，斜撑采用钢管＋U 型托。外墙和临空墙螺栓采用止水螺栓，内墙采用普通可回收螺栓。

3.2.8.2　模板制作

(1) 本工程采用现场加工成型，加工前，按照构件尺寸绘制翻样图，将模板按部位进行编号。

(2) 加工时，先加工大规格模板，再加工小规格，以节约材料。部分模板在使用后，可改装为小规格模板，因此在模板加工中不得随意在板面打孔。

(3) 模板加工完，由专业工长和质检员检查加工质量情况，检查合格后，盖章标志。

3.2.8.3　模板安装

(1) 梁模板

1) 梁模板采用竹胶板加工，为提高竹胶板的周转次数，加工后一定要涂刷模板保护剂。模板加工时，选厚度大致相同的竹胶板放在同一个面上，板面拼缝的地方要用塑料胶带封好，用过的旧模板要进行挑选，板内纤维坏的暂且不用。作废的对拉螺栓孔用胶带纸封好，以免打灰时漏浆。竹胶板后面加的木方要紧贴模板的面和与之相对的面加工平整，且每条木方都要厚薄均匀，以免影响受力。在模板使用前要清理干净，刷脱模剂。

2) 安装梁模时，应在梁模下方地面上铺垫板，在柱模缺口处钉衬口挡，然后把底板两头搁置在柱模衬口挡上，再立靠柱模，并按梁模长度等分顶撑间距，立中间部分的顶撑。顶撑底应打入木楔。安放侧板时，两头要钉牢在衬口挡上，并在侧板底外侧铺上夹木，用夹木将侧板夹紧并钉牢在顶撑帽木上，随即把斜撑钉牢。

3) 次梁模板的安装，要待主梁模板安装并校正后才能进行。其底板及侧板两头是钉在主梁模板缺口处的衬口挡上。次梁模板的两侧板外侧要按搁栅底标高钉上托木。

4) 梁模安装后，要拉中线检查，复核各梁模中心位置是否对正。待平板模板安装后，检查并调整标高，将木楔钉牢在垫板上。各顶撑之间要设水平撑或剪刀撑，以保持顶撑的稳固。

5）当梁的跨度在 4m 或 4m 以上时，在梁模的跨中要起拱，起拱高度为梁跨度的 2‰。柱顶与梁交接处，要留出缺口，缺口尺寸即为梁的高与宽（梁高以扣除平板厚度计算），并在缺口两侧及口底钉上衬口挡，衬口挡离缺口边的距离即为梁侧及底板的厚度。

（2）顶板模板

1）顶板模板采用顶板快拆体系。该体系由 15mm 竹胶板，50mm×100mm 次龙骨，间距 250mm、100mm×100mm 主龙骨间距 1200mm 组成。钢支撑上设 300～400mm 规格可调托，快拆体系每 1m 一道，待混凝土强度达到设计标准强度的 50% 后方可拆除。

2）模板使用前要刷脱模剂，拼缝处及有眼的地方用塑料带贴好，混凝土浇筑前拉通线调整模板的位置，以免钢筋偏位，梁上预埋件要按设计位置固定，梁内杂物一定要清理干净。平板模板铺好后，应进行模板标高的检查工作，如有不符，应进行调整。

3）由于施工周期加快，模板及支撑投入也增加，为满足施工进度及保证工程质量的需要，应用短跨支撑原理，采用模板快拆体系的支模方法。

（3）楼梯模板　施工前应根据实际层高放样，先安装休息平台梁模板，再安装楼梯模板斜楞，然后铺设楼梯底模，安装外帮侧模和踏步模板，外帮侧板应先在其内侧弹出楼梯底板线和侧板位置线，钉好固定踏步侧板的挡板，在现场装钉侧板。为确保踏步线条尺寸的准确，施工时可在踏步板的边缘阳角预埋∟50mm×5mm 的角钢，放样时须预留出装修面层的厚度。

（4）阳台模板　阳台模板采用竹胶板。阳台栏板二次支模，用定型竹胶板模板，中间加穿墙螺栓，支拉固定利用阳台穿墙螺栓孔和在阳台上预埋钢筋锚环，阳台宽度必须严格控制，保证上下对齐。

（5）墙模　墙体模板采用 15mm 厚竹胶板。穿墙螺栓采用带止水环的 $\phi16mm$ 螺栓。地下外墙导墙采用 15mm 竹胶板和 50mm×100mm 的木方及∟50mm×5mm 角钢组成的钢木模板，用 $\phi25mm$ 的钢筋作模板支架，施工时在该处贴海绵条防止接口漏浆，防止烂根。

3.2.8.4　模板质量

模板工程的施工质量，必须做好拼缝严密不漏浆，支撑稳固安全不变形，标高和构件断面尺寸严格按图施工，按规定验收。对墙板节点的模板提前配置好，方便拆除安装，保证外观质量和断面尺寸。

3.2.8.5　模板拆除

拆除支撑及模板前，必须请示项目经理部的同意后方可拆除模板。模板拆除时不得对混凝土表面造成损伤；梁板模板拆除前，必须在试压报告出来，满足施工规范的要求，方可拆除模板。模板拆除后，应做到工完场清。

梁柱节点模板与梁帮和梁底模板的拼接均采用梁帮（梁底）模板的竹胶板搭在柱节点模板的背楞上的方法，将接缝留在梁身上。柱头模板与柱四面之间夹紧一道海绵条，以防止漏浆。梁柱模板的加固和支撑：在梁柱节点的柱头中部和下口采用钢管抱箍卡死柱头四角模板，用以加固梁柱节点模板，再用钢管斜撑。

模板拆除均要以同条件混凝土试块的抗压强度报告为依据，填写拆模申请单，由工长和技术负责人签字后方可生效执行。常温下，柱、梁侧模要在混凝土强度达到 1.2N/mm² 以上时方可拆除模板。超过 8m 的梁板底模在混凝土强度达到 100% 后方可拆除，小于 8m 的在强度达到75%可拆除底模并应适当架设支撑，后浇带处模板在浇筑前严禁拆除两侧一个跨度内的顶板模板。

3.2.8.6 质量保证措施

（1）进场模板质量标准

1）技术性能必须符合相关质量标准（通过收存、检查进场竹胶合板出厂合格证和检测报告来检验）。

2）外观质量检查标准（通过观察检验）：任意部位不得有腐朽、霉斑、鼓泡。

3）规格尺寸标准

厚度检测方法：用钢卷尺在距板边20mm处，长短边分别测3点、1点，取8点平均值；各测点与平均值差为偏差。长、宽检测方法：用钢卷尺在距板边100mm处分别测量每张板长、宽各2点，取平均值。对角线差检测方法：用钢卷尺测量两对角线之差。翘曲度检测方法：用钢直尺量对角线长度，并用楔形塞尺（或钢卷尺）量钢直尺与板面间最大弦高，后者与前者的比值为翘曲度。

（2）模板安装质量要求

必须符合《混凝土结构工程施工质量验收规范》（GB 50204—2010）及相关规范要求，即"模板及其支架应具有足够的承载能力、刚度和稳定性，能可靠地承受浇筑混凝土的重量、侧压力以及施工荷载"。

1）主控项目

① 安装现浇结构的上层模板及其支架时，下层楼板应具有承受上层荷载的承载能力，或加设支架；上下层支架的立柱应对准，并铺设垫板。

检查数量：全数检查。

检验方法：对照模板设计文件和施工技术方案观察。

② 在涂刷模板隔离剂时，不得沾污钢筋和混凝土接槎处。

检查数量：全数检查。

检验方法：观察。

2）一般项目

① 模板安装应满足下列要求 模板的接缝不应漏浆；在浇筑混凝土前，木模板应浇水湿润，但模板内不应有积水；模板与混凝土的接触面应清理干净并涂刷隔离剂；浇筑混凝土前，模板内的杂物应清理干净。

检查数量：全数检查。

检验方法：观察。

② 对跨度不小于4m的现浇钢筋混凝土梁、板，其模板应按要求起拱。

检查数量：按规范要求的检验批（在同一检验批内，对梁，应抽查构件数量的10%，且不应少于3件；对板，应按有代表性的自然间抽查10%，且不得少于3间）。检验方法：水准仪或拉线、钢尺检查。

③ 固定在模板上的预埋件、预留孔洞均不得遗漏，且应安装牢固，其偏差应符合相关规定。

检查数量：按规范要求的检验批（对梁、柱，应抽查构件数量的10%，且不应少于3件；对墙和板，应按有代表性的自然间抽查10%，且不得少于3间）。

检验方法：钢尺检查。

3）现浇结构模板安装的偏差应符合规定。

检查数量：按规范要求的检验批（对梁、柱，应抽查构件数量的 10％，且不应少于 3 件；对墙和板，应按有代表性的自然间抽查 10％，且不得少于 3 间）。现浇结构模板安装允许偏差。检验方法为检查同条件养护试块强度试验值。检查轴线位置时，应沿纵、横两个方向量测，并取其中的较大值。

4）模板垂直度控制

① 对模板垂直度严格控制，在模板安装就位前，必须对每一块模板线进行复测，无误后，方可模板安装。

② 模板拼装配合，工长及质检员逐一检查模板垂直度，确保垂直度不超过 3mm，平整度不超过 2mm。

③ 模板就位前，检查顶模棍位置、间距是否满足要求。

5）顶板模板标高控制

每层顶板抄测标高控制点，测量抄出混凝土墙上的 500 线，根据层高 2800mm 及板厚，沿墙周边弹出顶板模板的底标高线。

6）模板的变形控制

① 墙模支设前，竖向梯子筋上焊接顶模棍（墙厚每边减少 1mm）。

② 浇筑混凝土时，做分层尺杆，并配好照明，分层浇筑，层高控制在 500cm 以内，严防振捣不实或过振，使模板变形。

③ 门窗洞口处对称下混凝土。

④ 模板支立后，拉水平、竖向通线，保证混凝土浇筑时易观察模板变形、跑位。

⑤ 浇筑前认真检查螺栓、顶撑及斜撑是否松动。

⑥ 模板支立完毕后，禁止模板与脚手架拉结。

7）模板的拼缝、接头

模板拼缝、接头不密实时，用塑料密封条堵塞；钢模板如发生变形时，及时修整。

8）窗洞口模板

在窗台模板下口中间留置 2 个排气孔，以防混凝土浇筑时产生窝气，造成混凝土浇筑不密实。

9）清扫口的留置

楼梯模板清扫口留在平台梁下口，清扫口 50cm×100cm 洞，以便用空压机清扫模内的杂物，清理干净后，用竹胶合板背钉木方固定。

10）跨度小于 4m 不考虑，4～6m 的板起拱 10mm；跨度大于 6m 的板起拱 15mm。

11）与安装配合

合模前与钢筋、水、电安装等工种协调配合，合模通知书发放后方可合模。

12）混凝土浇筑时，所有墙板全长、全高拉通线，边浇筑边校正墙板垂直度，每次浇筑时，均派专人专职检查模板，发现问题及时解决。

13）为提高模板周转、安装效率，事先按工程轴线位置、尺寸将模板编号，以便定位使用。拆除后的模板按编号整理、堆放。安装操作人员应采取定段、定编号负责制。

（3）其他注意事项

在模板工程施工过程中，严格按照模板工程质量控制程序施工，另外对于一些质量通病制定预防措施，防患于未然，以保证模板工程的施工质量。严格执行交底制度，操作前必须有单项的施工方案和给施工队伍的书面形式的技术交底。

1）胶合板选统一规格，板面平整光洁、防水性能好的。

2）进场木方先压刨平直，统一尺寸，并码放整齐，木方下口要垫平。

3）模板配板后四边弹线刨平，以保证墙体、柱子、楼板阳角顺直。

4）墙模板安装基层找平，并粘贴海绵条，模板下端与事先做好的定位基准靠紧，以保证模板位置正确和防止模板底部漏浆，在外墙继续安装模板前，要设置模板支撑垫带，并校正其平直。

5）墙模板的对拉螺栓孔平直相对，穿插螺栓不得斜拉硬顶。内墙穿墙螺栓套硬塑料管，塑料管长度比墙厚少 2～3mm。

6）门窗洞口模板制作尺寸要求准确，校正阳角方正后加固、固定，对角用木条拉上以防止变形。

7）支柱所设的水平撑与剪刀撑，按构造与整体稳定性布置。

（4）脱模剂及模板堆放、维修

1）木胶合板选择水性脱模剂，在安装前将脱膜剂刷上，防止过早刷上后被雨水冲洗掉。钢模板用油性脱模剂，机油：柴油＝2：8。

2）模板贮存时，其上要有遮蔽，其下垫有垫木。垫木间距要适当，避免模板变形或损伤。

3）装卸模板时轻装轻卸，严禁抛掷，并防止碰撞、损坏模板。周转模板分类清理、堆放。

4）拆下的模板，如发现翘曲、变形，及时进行修理。破损的板面及时进行修补。

3.2.9　混凝土工程施工方案

（1）混凝土垫层；

（2）基础混凝土；

（3）主体混凝土；

（4）混凝土的养护。

3.2.10　钢筋混凝土工程

（1）施工工序；

（2）机械设备的配备；

（3）质量要求；

（4）注意事项。

3.2.11　屋面工程施工方案

（1）掌握施工操作要领；

（2）施工工序；

（3）细部处理；

（4）把好检查验收关。

3.2.12　地下防水施工方案

（1）卷材防水设计；

（2）施工工序及工艺；

（3）基层清理；

（4）粘贴异型部位；

（5）大面积铺贴卷材；

（6）施工准备；

（7）质量要求及控制；

（8）细部防水　螺栓防水、混凝土施工缝处防水做法、底板后浇带防水处理；

（9）成品保护；

（10）安全注意事项。

3.2.13　建筑装饰装修工程装修方案

3.2.13.1　抹灰工程

砌块墙面湿润后抹灰。

（1）在墙面上下边附近吊垂直，抹标准灰饼，灰饼约 5cm³，根据灰饼用托线板或线锤挂垂直做墙面灰饼，然后挂上通线，并根据小线位置 1.2～1.5m 加若干标准灰饼，待灰稍干后在上下灰饼之间抹上宽约 10cm 的砂浆冲筋用木杠刮平，厚度与灰饼相平，待稍干后可进行抹灰。

（2）抹底层砂浆　抹灰施工顺序为由下向上，基层表面抹 1：3 水泥砂浆，每层厚度控制在 3～6mm，待底灰 7～8 成干后再抹第二遍灰。各分层与冲筋抹平，并用大杠刮平、找直。

（3）抹面层砂浆　底层砂浆抹好后，第二天即可抹面层砂浆，面层砂浆配合比为 1：2.5 水泥砂浆。首先将墙面洇湿，然后抹面层砂浆，面层砂浆厚度为 5～8mm。

（4）最后用木抹子搓毛，用铁抹子溜光压实。待表面无水时用软毛刷蘸水垂直于地面的方向，轻刷一遍。

（5）质量要求见表 7。

表 7　质量要求

项　　　目	允许偏差/mm
立面垂直	3
表面平整	2
阴、阳角垂直	2

3.2.13.2　外墙涂料施工

（1）基层处理：清理基层表面的尘土等，对于油污、隔离剂等应用相应溶液洗擦干净，并用清水将溶液洗去。修补外墙缝隙、麻面、孔洞，局部刮腻子。待腻子干燥后，应打磨平整、清理干净。

（2）涂料准备：使用涂料前必须先将沉淀在桶底的填料充分搅拌均匀，方可使用，在使用过程中，亦应经常搅拌，同时不得任意稀释，否则将会影响涂膜强度或造成涂面色泽不一。要注意涂料稠度须适中，太稠时，不便施工；太稀时，影响涂层厚度，且容易流淌、透底。

（3）机具调校：喷涂作业前要选择确定空气压力，一般在 0.4～0.8MPa，压力过低或过高时，会造成涂层质感差、涂料损耗多，还要注意根据涂料的稠度、喷嘴直径等具体情况，调整喷斗气阀门。

（4）喷涂：喷涂作业前，要用遮挡板（或纺织布）将不用喷涂的部位遮盖好，以免被污染。喷涂操作时，要注意开喷不要过猛，喷嘴距墙面的距离要适中，一般为 50cm 左右，以均匀出浆为准。手握喷斗要稳，喷嘴与被喷面要垂直，否则会造成墙面出浆不均匀等现象。移动喷斗过程中应注意与被喷面之间做平行移动。喷涂时应先喷小面，后喷大面；阴（转）角处先喷一面，再喷另一面，喷涂施工宜连续作业，一道紧接一道进行，不应漏喷、流淌。喷涂搭接时，对已喷涂部位采取遮挡措施，避免接槎处厚薄、颜色不一致。

4　施工计划制定

4.1　资源需要量计划

4.1.1　劳动力需要量计划（见表8）

为保证本工程施工质量，工程要求，除管理人员要求业务技术素质高、工作责任心强外，根据劳动力需用计划适时组织各类专业作业队伍进场，对作业人员要求技术熟悉、服从现场统一管理，对特殊工种提前做好培训工作，必须做到持证上岗。

表8　劳动力需要量计划表

工种	按工程施工阶段投入劳动力情况				
	土方工程	基础工程	主体工程	屋面工程	装饰工程
土方工	20				
混凝土工		15	5		
模板工		30	30		
钢筋工		30	30		
脚手架工		25	30		
砌砖工		20	30		
抹灰工					30
外墙涂料工					30
防水工		30		10	

4.1.2　主要材料需用量计划（见表9）

表9　施工材料采购和进场计划表

序　号	材料名称	规　格	单　位	数　量	进场时间
1	钢筋	直径≤10mm	kg	60228.53	2011.7
		直径＞10mm	kg	283145.368	2011.7
2	模板	15厚竹胶合模板	m³	9521.7	2011.7
3	砌体	煤陶粒空心砖	m³	548	
4	混凝土	综合	m³	2804	2011.7
5	外墙涂料		m²	478	2011.7
6	抹灰	普通水泥砂浆	m²	7191	
7	防水材料	1.5厚聚氨酯涂膜防水	m²	272	
		3厚高聚物改性沥青卷材	m²	772	

4.1.3 施工机具、设备需要量计划（见表 10）

表 10　施工机具、设备需要量计划表

机械设备名称	型号规格	数量	国别产地	制造年份	生产能力	进场时间
反铲挖土机	WY20C	2	国产	2001	良好	2011.7
砂浆搅拌机	HJ-200	6	国产	2000	良好	2011.7
木工锯台	SJ-300	1	国产	2001	良好	2011.7
木工压刨床		1	国产	2002	良好	2011.8
手工电锯	SJ-120	10	国产	2004	良好	2011.8
插入式振动器	H26-50	2	国产	2001	良好	2011.8
平板振动器	P2-50	3	国产	2001	良好	2011.8
钢筋切断机	GTS-40	1	国产	2001	良好	2011.8
钢筋弯曲机	GW-40	1	国产	2001	良好	2011.8
钢筋调直机	$\phi4-14$	1	国产	2001	良好	2011.8
塔吊	QTZ500	1	国产	2003	良好	2011.8
电渣压力焊	JSD-600	2	国产	2001	良好	2011.8
柴油发电机组	TZH-200	1	国产	2000	良好	2011.7
电子经纬仪	NTS-202/205	1	国产	2000	良好	2011.7
经纬仪	T6	1	国产	1990	良好	2011.7
水准仪	NS3-2	1	国产	1990	良好	2011.7
平推车		10	国产	2002	良好	2011.7
压路机	16T	1 台	国产	2004	良好	2011.6

注：本工程所布置的施工机械进场随着施工进度提前 2d 进场。

4.2　施工材料采购和进场计划

4.2.1　产品需用计划

预算员或施工员根据施工进度计划、施工图纸，提供材料数量，属于按标准图采购的应注明标准图号，属非标加工应随带非标加工图纸。编制《产品需用计划》报项目技术负责人审核，项目经理审批。

4.2.2　产品采购计划

（1）根据《产品需用计划》和实际进度，项目材料员编制《产品采购计划》报项目经理审批后实施采购活动；

（2）采购产品须进行"比质、比价、比运距、算成本"，尽可能降低产品采购成本。

4.2.3　产品采购合同或协议

采购合同或协议由项目部与供方洽商，由公司总经理签订，生产部备案。采购合同或协议应注明：厂名、产品名称、材质、规格、型号、计量单位、数量、单价、质量等级及其技术规范、检验规程等标准或文件名称、编号和版本号；质量体系要求；供货时间、供货方式、交货地点、包装运输责任、付款方式及银行账号；解决纠纷的规定等。

4.3 施工进度计划

4.3.1 施工组织

（1）施工段的划分 本工程施工全过程有基础工程、主体工程、装饰工程、屋面工程、设备安装工程，从基础工程开始到主体工程完成，由西向东平行均衡流水（不等高式）施工。

本工程总的工序为先地下后地上，先土建后设备安装，先结构后装饰。

基础工程：采取由下而上的施工顺序施工。

主体结构：施工时，采取平行流水不等高式施工，由下而上逐层分段流水施工。

装饰工程：主体结构完成之后，邀请质量监督部门对主体工程质量检查，验收合格后，方可施工。施工时，自上而下逐层进行内装修，待女儿墙压顶完成后，自上而下进行外装饰。室内外装饰不分施工段，采取先内部、后外部。

根据本工程特点，为了有利于结构的整体性，减少建筑物的施工缝，因而，从基础工程开始到主体工程完成，采取平行流水施工，即由西向东流水施工。

（2）劳动力安排 劳动力组织采用按工种分组施工的方式，统一调度各工种的施工力量组织施工。根据本工程的工作量、进度要求等因素，高峰期二班倒选用劳动力达 126 人。在装修期间和水、电、设备安装工程由专业人员配合施工。

（3）施工管理机构和项目经理部的组成 为能够给贵单位承建优质工程，按目标工期提前完工，我方将把该工程列为重点工程和信誉工程，决定选派技术能力强、有丰富经验、工作作风过硬、善打硬仗，并具有资质等级的项目经理和具有中级以下职称专业技术人员，组成项目部管理机构，全面负责该项目的实施。在施工过程中，公司将定期分批安排有关部门和有关人员对该工程的实施进行检查、督促，对施工方案进行改进、修正。为保证项目顺利进行，我们将贯彻"重合同、守信誉"的方针，全方位保证该项目标工程的顺利实施。

4.3.2 施工进度计划

结构工程的施工周期，约占总工期的 60% 以上，且易受自然气候的影响，当进入标准层施工后，人员、设备的运转日趋正常，为确保阶段工期的实现，分项工程工期按如下五个阶段进行综合控制：

（1）基础工程工期 47 日历天。

（2）主体结构共 85d。

（3）主体结构完成后，邀请建设单位、市质量监督站等有关部门对主体结构工程进行验收，达到质量标准后，方能进行室内装修工程，设备安装工程的预留、预埋、安装、调试和土建同时进行。

（4）土建收尾工程 10d。

（5）根据当地气候，从 2011 年 11 月 15 日至 2012 年 3 月 15 日期间为冬季施工期，在进入冬季施工期之前，做好冬季施工准备工作。

5 各项技术与组织措施

5.1 保证质量措施

5.1.1 钢筋工程

钢筋工程是结构工程质量的关键，我们要求进场材料必须由合格分供方提供，并经过具有相应资质的试验室试验合格后方可使用。在施工过程中对钢筋的绑扎、定位、清理等工序采用规矩化、工具化、系统化控制。钢筋绑扎实测项目，见表11。

表11 钢筋绑扎实测项目

序 号	允许偏差项目		施工规范要求 允许偏差值/mm	公司内部要求 允许偏差值/mm
1	网的长度、宽度		10	10
2	网眼尺寸		20	10
3	骨架的宽度、高度		5	5
4	骨架的长度		10	10
5	受力钢筋	间距	10	10
		排距	5	5
6	箍筋、构造筋间距（拉钩等）		20	10
7	钢筋弯起点位移		20	20
8	焊接预埋件	中心线位移	5	5
		水平标高	+3，−0	+3，−0
9	受力钢筋保护层	基础	10	10
		梁柱	5	5
		墙板	3	3

具体控制措施：

① 为保证钢筋与混凝土的有效黏结，防止钢筋污染，在混凝土浇筑后均要求工人立即清理钢筋上的混凝土浆，避免其凝固后难以清除。

② 为有效控制钢筋的绑扎间距，在绑板、墙筋时均要求操作工人先画线后绑扎。

③ 工人在浇筑墙体混凝土前安放固定钢筋，确保浇筑混凝土后钢筋不偏位。

④ 在钢筋工程中，我们总结和研究制定了一整套钢筋定位措施，能根治钢筋偏位这一建筑顽症。通过垫块保证钢筋保护层厚度，钢筋卡具控制钢筋排距和纵、横间距。

⑤ 钢筋绑扎后，只有土建和安装质量检查员均确定合格，经监理检验合格后方可进行下道工序的施工。

5.1.2 模板工程

模板体系的选择在很大程度上决定着混凝土最终观感质量。我公司对模板工程进行了大量的研究和试验，对模板体系的选择、拼装、加工等方面都已趋于完善、系统，能够较好地控制模板的胀模、漏浆、变形、错台等质量通病。模板工程允许偏差项目见表12。

表 12　模板工程允许偏差项目

序号	允许偏差项目		施工规范要求 允许偏差值/mm	公司内部要求 允许偏差值/mm
1	轴线位移		2	2
2	标高		3	3
3	截面尺寸		+1,−2	+1,−2
4	每层垂直度		2	2
5	相邻两板表面高低差		1	1
6	表面平整度		2	2
7	预埋钢板、预埋管、孔中心线位移		3	3
8	预埋螺栓	中心线位移	2	2
		外露长度	+10,−0	+5,−0
9	预留洞	中心线位移	10	5
		截面内部尺寸	+10,−0	+5,−0

模板质量具体控制措施：

① 为保证模板最终支设效果，模板支设前均要求测量定位，确定好每块模板的位置。

② 通过完善的模板体系和先进的拼装技术保证模板工程的质量。

5.1.3　混凝土工程

为保证工程质量，我们选用有信誉、质量有保障的商品混凝土供应商，提供优质的商品混凝土。在施工中采用流程化管理，严格控制混凝土各项指标，浇筑后成品保护措施严密，每个过程都存有完整记录，责任划分细致，配合模板体系后，保证了混凝土工程内坚外美的效果。混凝土工程允许偏差项目见表 13。

表 13　混凝土工程允许偏差项目

序号	允许偏差项目		施工规范要求 允许偏差值/mm	公司内部要求 允许偏差值/mm
1	轴线位移		5	3
2	标高	层高	5	5
		全高	20	10
3	截面尺寸		+3,−2	+3,−2
4	柱、墙垂直度	阴阳角	2	2
		每层	3	3
		全高	≯20	≯10
5	表面平整度		2	2
6	阴阳角方正		2	2
7	预埋钢板中心线位置偏移		10	5
8	预埋钢管、预留孔、预埋螺栓位置偏移		5	5
9	电梯井	井筒长、宽对中心线	+25,−0	+15,−0
		井筒全高垂直度	≤30	≤20

质量控制的具体措施：

① 混凝土到场后必须每车检测坍落度，并做好记录。同时记录混凝土的出厂时间、进场时间、开始浇筑时间、浇筑完成时间，以保证混凝土的质量浇筑的整体性。

② 浇筑混凝土时为保证混凝土分层厚度，制作有刻度的尺杆。当晚间施工时还配备足够照明，以便给操作者全面的质量控制工具。

③ 混凝土浇筑后做出明显的标志，以避免混凝土强度上升期间的损坏。

④ 为保证混凝土拆模强度，从下料口取混凝土制作同条件试块，并用钢筋笼保护好，与该处混凝土同等条件进行养护，拆模前先试验同条件试块强度，如达到拆模强度方可拆模。

5.1.4 砌筑工程

5.1.5 抹灰工程

5.1.6 精装修和外墙工程质量控制措施

5.1.7 防水工程施工保证措施

5.1.8 机电工程质量控制点及控制措施

5.1.9 其他质量保证措施

5.2 安全文明施工措施

5.2.1 安全管理

施工现场是建筑施工的生产场所和生活住地，必须保证一切从事管理和操作人员有一个干净、舒适、文明、安全的操作环境，使施工生产顺利进行，达到高效、优质、安全文明的经营管理目标。为切实做到安全施工，我公司贯彻项目经理是工程施工安全第一责任人的原则，并在项目经理部成立之后建立以项目经理为第一责任人的安全生产管理领导小组，开展安全管理行动。

建立各级人员安全生产责任制度，明确各个人员安全责任，抓制度落实，抓责任落实，全员承担安全生产责任，人人负责。制定各工种安全技术操作规程，配备专职安全员实施目标管理，做好安全技术交底，并履行签字手续。制定安全检查制度，公司每月对施工项目进行一次安全检查，项目部每10天由项目经理、专职安全员组织检查一次，每天由专职安全员组织各工种班组长检查一次，做好安全生产检查记录。制定安全教育制度，新工人入场前应完成公司、项目部、班组三级安全教育，教育内容要具体并有记录。一切从事管理和操作的人员，必须持证上岗，特殊作业人员必须持有特种作业证，并进行年度考核培训。绘制现场安全标志布置图，施工现场严格按布置图布置安全标志。建立工伤事故档案，按规定报告，按事故调查分析规定处理。

5.2.2 文明施工

工地大门两侧挂五牌一图，门头设置企业标志，管理人员、操作人员必须佩戴工作卡。施工现场实行封闭管理，工地周围设高于1.8m的围挡，施工现场进出口设大门，配备门卫，制定门卫制度。施工现场道路畅通，有必要的地面做硬化，工地无积水，排水设施齐全，排水通畅，温暖季节做一些绿化布置。现场材料堆放严格按总平面布局堆放整齐，并挂名称、品种、规格的标志，易燃易爆物品分类堆放。职工宿舍周围环境要卫生，床铺、生活用品放置整齐，生活区设食堂、淋浴、医务室，卫生必须符合要求，生活垃圾及时清理，设专人管理。

5.2.3　工程的施工安全问题、危险点及采取的措施

5.2.3.1　主体结构工程（重点人身坠落和物体打击）

《建筑施工高处作业安全技术规范》规定：进行洞口作业以及因工程工序需要而产生的，使人与物有坠落危险或危及人身安全的其他洞口进行高处作业时，必须按规定设置防护设施。

楼梯口应设置防护栏杆；电梯井口除设置固定栅门外（门栅网格的间距不应大于15cm），还应在电梯井内每隔两层（不大于 10m）设置一道安全平网。平网内无杂物，网与井壁间隙不大于 10cm。当防护高度超过一个标准层时，不得采用支手板等硬质材料做水平防护。

防护栏杆、防护栅门应符合规范规定，整齐牢固，与现场规范化管理相适应。防护设施应在施工组织设计中有设计、有图纸，并经验收形成工具化、定型化的防护用具，安全可靠、整齐美观，周转使用。

5.2.3.2　预留洞口、坑、井防护

按照《建筑施工高处作业安全技术规范》的规定，对孔洞口（水平孔洞短边尺寸大于2.5cm 的，竖向孔洞高度大于 75cm 的）都要进行防护。

各类洞口的防护具体做法，应针对洞口大小及作业条件，在施工组织设计中分别进行设计规定，并在一个单位或在一个施工现场中形成定型化，不允许由作业人员随意找材料盖上的临时做法，防止由于不严密、不牢固而存在事故隐患。

较小的洞口可临时砌死或用定型盖板盖严；较大的洞口可采用贯穿于混凝土板内的钢筋构成防护网，上面满铺竹笆或脚手板；边长在 1.5m 以上的洞口，张挂安全平网并在四周设防护栏杆或按作业条件设计更合理的防护措施。

5.2.3.3　通道口防护

在建工程地面入口处和施工现场在施工程人员流动密集的通道上方，应设置防护棚，防止因落物产生的物体打击事故。

防护棚顶部材料可采用 5cm 厚木板或相当于 5cm 厚木板强度的其他材料，两侧应沿栏杆架用密目式安全网封严。出入口处防护棚的长度应视建筑物的高度而定，符合坠落半径的尺寸要求。建筑高度 $h = 2 \sim 5m$ 时，坠落半径 R 为 2m；建筑高度 $h = 5 \sim 15m$ 时，坠落半径 R 为 3m。

5.2.3.4　施工用电

（1）外电防护：外电线路主要指不为施工现场专用的原来已经存在的高压或低压配电线路，外电线路一般为架空线路，个别现场也会遇到地下电缆。由于外电线路位置已经固定，所以施工过程中必须与外电线路保持一定安全距离，当因受现场作业条件限制达不到安全距离时，必须采取屏护措施，防止发生因碰触造成的触电事故。

（2）《施工现场临时用电安全技术规范》（以下简称《规范》）规定，在架空线路的下方不得施工，不得建造临时建筑设施，不得堆放构件、材料等。

（3）当在架空线路一侧作业时，必须保持安全操作距离。《规范》规定了最小安全操作距离，见表 14。

表 14　安全操作距离

外电线路电压	1kV 以下	1～10kV	35～110kV
最小安全操作距离/m	4	6	8

（4）当由于条件所限不能满足最小安全操作距离时，应设置防护性遮栏、栅栏并悬挂警告牌等防护措施。

在施工现场一般采取搭设防护架，其材料应使用木质等绝缘性材料，当使用钢管等金属材料时，应做良好的接地。防护架距线路一般不小于1m，必须停电搭设（拆除时也要停电）。防护架距作业区较近时，应用硬质绝缘材料封严，防止脚手管、钢筋等误穿越触电。

当架空线路在塔吊等起重机的作业半径范围内时，其线路的上方也应有防护措施，搭设成门形，其顶部可用5cm厚木板或相当5cm木板强度的材料盖严。为警示起重机作业，可在防护架上端间断设置小彩旗，夜间施工应有彩泡（或红色灯泡），其电源电压应为36V。

5.2.3.5　现场照明

（1）照明灯具的金属外壳必须做保护接零。单相回路的照明开关箱内必须装设漏电保护器。由于施工现场的照明设备也同动力设备一样有触电危险，所以也应照此规定设置漏电保护器。

（2）照明装置在一般情况下其电源电压为220V，但在下列情况下应使用安全电压的电源：

室外灯具距地面低于3m，室内灯具距地面低于2.4m时，应采用36V；

使用行灯，其电源的电压不超过36V；

隧道、人防工程电源电压应不大于36V；

在潮湿和易触电及带电体场所电源电压不得大于24V；

在特别潮湿场所和金属容器内工作照明电源电压不得大于12V。

5.2.3.6　配电线路

（1）架空线路必须采用绝缘铜线或绝缘铝线。导线和电缆是配电线路的主体，绝缘必须良好，是直接接触防护的必要措施，不允许有老化、破损现象，接头和包扎都必须符合规定。

（2）电缆干线应采用埋地或架空敷设，严禁沿地面明敷，并应避免机械伤害的介质腐蚀。穿越建筑物、构筑物、道路、易受机械损伤的场所及电缆引出地面从2m高度至地下0.2m处，必须加设防护套管。施工现场不但对电缆干线应该按规定敷设，同时也应注意对一些移动式电气设备所采用的橡皮绝缘电缆的正确使用，应采用钢索架线，不允许长期浸泡在水中和穿越道路不采取防护措施的现象。

（3）应该采用五芯电缆。当施工现场的配电方式采用了动力与照明分别设置时，三相设备引路可采用四芯电缆，单相设备和照明线路可采用三芯电缆。

（4）直埋电缆必须是铠装电缆，埋地深度不小于0.6m，并在电缆上下铺5cm厚细砂，防止不均匀沉降，最上部覆盖硬质保护层，防止误伤害。橡皮电缆架空敷设时，应沿墙壁或电杆设置，并用绝缘子固定，严禁使用金属裸线作绑线，固定点间距应保证橡皮电缆能承受自重所带来的荷重。橡皮电缆最大弧垂距地不得小于2.5m。

（5）对高层、多层建筑施工的室内用电，不允许由室外地面电箱用橡皮电缆从地面直接引入各楼层使用。在建高层建筑的临时配电必须采用电缆埋地引入，电缆垂直敷设的位置应充分利用在建工程的竖井、垂直孔洞等，并应靠近电负荷中心，固定点每楼层不得少于一处。电缆水平敷设宜沿墙或门口固定。最大弧垂距地不得小于 1.8m。电缆垂直敷设后，可每层或隔层设置分配电箱提供使用，固定设备可设开关箱，手持电动工具可设移动电箱。

5.2.3.7　各种施工机具

(1) 平刨　设备进场应经有关部门组织检查验收并记录存在问题及改正结果，确认合格。平刨护手装置应达到作业人员刨料发生意外情况时，不会造成手部被刨刃伤害的事故。明露的机械传运部位应有牢固、适用的防护罩，防止物料带入，保障作业人员的安全。按照电气的规定，设备外壳应做保护接零（接地），开关箱内装设漏电保护器（30mA×0.1s）。当作业人员准备离开机械时，应先拉闸切断电源后再走，避免误碰触开关发生事故。严禁使用多功能平刨（即平刨、电锯、打眼三种功能合置在一台机械上，开机后同时转动）。

(2) 圆盘电锯　设备进场应经有关部门组织检查验收并记录存在问题及改正结果，确认合格。

圆盘锯的安全装置应包括：锯盘上方安装防护罩，防止锯片发生问题时造成的伤人事故。锯盘的前方安装分料器（劈刀），木料经锯盘开后向前继续推进时，由分料器将木料分离一定缝隙，不致造成木料夹锯现象，使锯料顺利进行。

锯盘的后方应设置防止木料倒退装置。设置挡网或棘爪等防倒退装置。挡网可以从网眼中看到被锯木料的墨线不影响作业，又可将突然倒退的木料挡住；棘爪的作用是在木料突然倒退时，插入木料中止住木料倒退伤人。

明露的机械传动部位应有牢固、适用的防护罩，防止物料带入，保障作业人员的安全。

按照电气的规定，设备外壳应做保护接零（接地），开关箱内装设漏电保护器（30mA×0.1s）。当作业人员准备离开机械时，应先拉闸切断电源后再走，避免误碰触开关发生事故。

(3) 手持电动工具　使用Ⅰ类工具（金属外壳）外壳应做保护接零，在加装漏电保护器的同时，作业人员还应穿戴绝缘防护用品。漏电保护器的参数为 30mA×0.1s；露天、潮湿场所或在金属构架上操作时，严禁使用Ⅰ类工具。使用Ⅱ类工具时，漏电保护器的参数为 15mA×0.1s。

发放使用前，应对手持电动工具的绝缘阻值进行检测，Ⅰ类工具应不低于 2MΩ；Ⅱ类工具应不低于 7MΩ。

手持电动工具自带的软电缆或软线不允许任意拆除或接长；插头不得任意拆除更换。当不能满足作业距离时，应采用移动式电箱解决，避免接长电缆带来的事故隐患；工具中运动的（转动的）危险零件，必须按有关的标准装设防护罩，不得任意拆除。

(4) 钢筋机械　设备进场应经有关部门组织检查验收并记录存在问题及改正结果，确认合格。

按照电气的规定，设备外壳应做保护接零（接地），开关箱内装设漏电保护器（30mA×0.1s）。

明露的机械传动部位应有牢固、适用的防护罩，防止物料带入，保障作业人员的安全。

冷拉场地应设置警戒区，设置防护栏杆及标志。冷拉作业应有明显的限位指示标记，卷扬钢丝绳应经封闭式导向滑轮与被拉钢筋方向成直角，防止断筋后伤人。

(5) 电焊机　电焊机进场应经有关部门组织检查验收并记录存在问题及改正结果，确认合格。按照电气的规定，设备外壳应做保护接零（接地），开关箱内装设漏电保护器。焊把线长度一般不应超过 30m 并不准有接头。容量大于 5.5kW 的动力电路应采用自动开关电器，电焊机一般容量都比较大，不应采用手动开关，防止发生事故。露天使用的焊机应该设置在地势较高平整的地方并有防雨措施。

（6）搅拌机管理措施　搅拌机进场应经有关部门组织检查验收并记录存在问题及改正结果，确认合格。按照电气的规定，设备外壳应做保护接零（接地），开关箱内装设漏电保护器（30mA×0.1s）。空载和满载运行时检查传动机构是否符合要求，检查钢丝绳磨损是否超过规定，离合器、制动器灵敏可靠。

自落式搅拌机出料时，操作手柄轮应有锁住保险装置，防止作业人员在出料口操作时发生误动作。露天使用的搅拌机应有防雨棚。搅拌机上料斗应设保险挂钩，当停止作业或维修时，应将料斗挂牢。各传动部位都应装设防护罩。固定式搅拌机应有可靠的基础，移动式搅拌机应在平坦坚硬的地坪上用方木或撑架架牢，并垫上干燥木板保持平坦、平稳。

（7）气瓶管理措施　各种气瓶标准色：氧气瓶（天蓝色瓶、黑字），乙炔瓶（白色瓶、红字），氢气瓶（绿色瓶、红字），液化石油气瓶（银灰色瓶、红字）。不同类的气瓶，瓶与瓶之间不小于 5m，气瓶与明火距离不小于 10m。当不能满足安全距离要求时应有隔离防护措施。乙炔瓶不应平放。乙炔瓶瓶体温度不准超过 40℃。夏季应防曝晒，冬天解冻用温水。

气瓶存放：施工现场应设置集中存放处，不同类的气瓶存放有隔离措施，存放环境应符合安全要求，管理人员应经培训，存放处有安全规定和标志。零散存放属于在班组使用过程中的存放，不能存放在住宿区和靠近油料、火源的地方，存放区应配备灭火器材。

运输气瓶的车辆，不能与其他物品同车运输，也不准一车同运两种气瓶。使用和运输应随时检查防震圈的完好情况，为保护瓶阀，应装好瓶帽。

5.3　降低成本措施

略。

5.4　季节性施工措施

5.4.1　冬季施工

当室外日平均气温连续 5d 稳定低于 5℃ 即进入冬期施工；当室外日平均气温连续 5d 高于 5℃ 时解除冬期施工。遵循"因地制宜、方便施工、节约能源、经济合理"的原则，制定技术先进、合理可行的冬期施工方案。该工程特点是单层面积大、结构复杂、质量要求高，冬施意义重大。

根据北京市地区的气候特点，工程预计将于 11 月 15 日进入冬期施工，涉及的冬期施工有主体结构工程和装修工程，本工程采用综合蓄热法。

（1）冬季施工技术准备工作；

（2）冬季施工生产准备工作；

（3）冬季施工主要施工方法和工艺。

5.4.2　雨季施工

（1）雨季施工技术准备工作；

（2）雨季施工生产准备工作；

（3）雨季施工主要施工方法和工艺。

5.5　防止环境污染措施

5.5.1　环境保护措施

5.5.2　降尘措施

5.5.3　污水排放控制

5.5.4 建立有效的排污系统

5.5.5 固体废弃物排放的控制

5.5.6 光污染的控制

5.5.7 采取措施防止大气污染

5.5.8 爆炸及火灾隐患的控制

6 施工现场总平面布置图

根据本工程的特点：工程量不大，施工工期短，并结合施工现场实际情况，本着对施工现场合理利用，并有利于施工中的节约，以施工组织的科学理论为指导，精心设计施工总平面图，以此提出施工现场管理目标，并作为施工现场的管理依据，从而实现创建安全文明施工工地的目标。

6.1 布置原则

根据本工程周围环境的特殊性，不但对噪声、粉尘要求非常严格，而且场地的交叉使用也是影响场地使用的一个关键因素，因此，现场平面布置应充分考虑各种环境因素及施工需要，遵循原则如下：

（1）现场平面随着工程施工进度进行布置和安排，阶段平面布置要与该时期的施工重点相适应。

（2）由于受场地的限制，在平面布置中应充分考虑好施工机械设备、办公、道路、现场出入口、临时堆放场地等的优化合理布置。

（3）施工材料堆放应尽量设在运输机械覆盖的范围内，以减少发生二次搬运为原则。

（4）中小型机械的布置，要处于安全环境中。

（5）临电电源、电线敷设要避开人员流量大的楼梯及安全出口，以及容易被坠落物体打击的范围，电线尽量采用暗敷方式。

（6）本工程应着重加强现场安全管理力度，严格按照我公司相关管理制度要求进行管理。

（7）本工程要重点加强环境保护和文明施工管理的力度，使工程现场处于整洁、卫生、有序合理的状态。

（8）控制粉尘设施，排污、废弃物处理及噪声设施的布置。

（9）充分利用现有的临建设施，尽量减少不必要的临建投入。

（10）设置便于大型运输车辆通行的现场道路并保证其可靠性。

（11）施工现场、生活区的设置应符合《北京市建设工程施工现场生活区设置和管理标准》、《建设工程施工现场安全防护、场容卫生、环境保护及保卫消防标准》的规定。

6.2 施工机械现场布置

详见施工平面布置图。

6.3 现场临时设施

详见施工平面布置图。

6.4 施工垃圾的处理

现场施工垃圾采用层层清理、集中堆放、专人管理、统一清运的办法。

6.5 施工用电、水、道路

在施工场地设总配电房一间，施工用水、电由甲方接通到现场。施工道路按甲方指定的路进入现场。

施工现场设专用施工道路，沿建筑周边及道路两侧设排水沟及沉砂井，场地污水经沉砂井沉淀后由甲方指定点排出场外，沉砂井定期清理。施工现场临时道路地面压实后铺 8cm 厚 C20 混凝土，其他堆场地面、加工厂区地面平整夯实后浇注 C15 混凝土 8cm 厚。

6.6 施工现场总平面管理

为确保现场施工的计划顺利进行和文明施工现场的实现，不仅有合理的布置，更应有严密、科学、统一的平面管理，施工总平面的管理由项目经理负责，划分片区包干管理。

附录二 施工组织设计、施工方案编制 格式规定（参考）

由于施工组织设计的文本编写格式没有一个法定的要求，为了达到文本编制规范化、标准化，许多施工单位根据自身的情况对施工组织设计文本编写格式做了明确的规定。为了方便编写和阅读，读者看后赏心悦目，且符合工程资料的规定和要求，笔者在此提供一套编写格式，仅供参考。

1. 页面设置

（1）纸张大小　采用 A4 纸纵向，部分横向。

（2）纸张质量　封面可采用照片纸或普通复印纸。其他采用普通复印纸。

2. 封面

对于单位工程施工组织设计，一般说来封面内容包括：文件编号、单位工程名称、单位工程施工组织设计、编制人、编制单位、日期。

（1）编号　采用小三号黑体字。

（2）工程名称　采用小二号宋体。

（3）施工组织设计　采用一号黑色字体。

（4）编制人　采用小二号黑色字体，×××采用小二号宋体。

（5）编制单位　××××公司，采用小二号黑色字体。

（6）日期　年/月/日，采用小二号宋体。

有时封面中也可附建筑物效果图（彩色）。

3. 扉页（审批页）

施工组织设计审批表，按表上内容填写，应有审批人、审批意见。

4. 会签表

施工组织设计会签表，按表上内容填写，应有会签部门、会签意见。

5. 审批会签表

施工组织设计审批会签表，按表上内容填写，应有会签部门、会签意见。

6. 正文

（1）编目　单位工程施工组织设计作为指导性和控制性文件，在文件的编排与组织设计里，编目的标题分级一般要明确到四级标题，如果编目太简单，则达不到控制性的目的，容易出现相互重复等偏差。

标题分级编号宜按照贯标形式为：一级标题×，二级标题×.×，三级标题×.×.×，四级标题×.×.×.×，四级以上的标题可采用（×）、×）。最低级别建议不要超过六级，否则，读者阅读时，太乱、太繁。

第一级标题字体为三号宋体且加粗，第二级标题字体为四号宋体且加粗，第三级标题字体为四号宋体。所有字体颜色采用黑颜色。

（2）字体、字号　采用四号宋体，表格内的字体为五号宋体。

（3）行距　固定值 22 磅。

（4）页边距　上、下约为 2.5cm，左、右约为 3cm。

7. 目录

目录是为了方便阅读者或使用者能快速地了解并查找到所需要的内容，目录的繁简程度依具体情况而定。

（1）目录采用小二号宋体且加粗。

（2）内容及页码采用小四号宋体。

（3）目录的结构与层次的规划与形式：目录是体现结构与层次的主要形式，施工组织设计目录应有指导性和宏观控制性。对于实施性施工组织设计，层次的规划深度必须足够，满足需要，结构的内容必须齐全。一般来说，实施性施工组织设计的目录结构与层次可明确到二级标题。目录形式示例：

一、编制依据 ··· 页码

1.1　×××··· 页码

1.2　×××··· 页码

　······

二、工程概况 ··· 页码

2.1　×××··· 页码

2.2　×××··· 页码

　······

三、施工部署及施工方案 ··· 页码

3.1　×××··· 页码

3.2　×××··· 页码

　······

四、施工计划制定 ·· 页码

4.1　×××··· 页码

4.2　×××··· 页码

　······

五、各项技术与组织措施 ··· 页码

5.1　×××··· 页码

5.2　×××··· 页码

　······

六、施工现场总平面布置图 ·· 页码

6.1　×××··· 页码

6.2　×××··· 页码

　······

8. 页眉

采用 5 号宋体。页眉左侧应注明"××××工程"，并在前面冠以公司标志，标志颜色为彩色；页眉右侧应注明"施工组织设计"字样。

9. 页脚

页脚右侧注明"××××集团×××公司×××项目部"。

10.页码

页码应当连续且格式采用阿拉伯数字格式，采用五号宋体且居中。

注：页码不得分章或节单独编码。

11.附表、附图

附表、附图应根据内容选择 A0～A4 标准图幅。施工进度计划表一般采用 A3 纸，其他采用 A4 纸。施工现场平面图采用 A3 纸，其他采用 A4 纸。

12.装订规范

（1）装订顺序：封面—审批表—会签表—目录—正文（编制内容）—附图、表。

（2）成册规格：A4 复印纸打印，竖版左侧装订。

（3）附表、附图应使用计算机绘制，折叠成 A4 纸大小并统一装订。

附录三 《建筑施工组织设计规范》

（部分内容摘录《GB/T 50502—2009》）

一、单位工程施工组织设计

1.1 工程概况

1.1.1 工程概况应包括工程主要情况，各专业设计简介和工程施工条件等。

1.1.2 工程主要情况应包括下列内容：

1. 工程名称、性质和地理位置；

2. 工程的建设、勘察、设计、监理和总承包等相关单位的情况；

3. 工程承包范围和分包工程承包范围；

4. 施工合同、招标文件或总承包单位对工程施工的重点要求；

5. 其他应说明的情况。

1.1.3 各专业设计简介应包括下列内容：

1. 建筑设计简介应依据建设单位提供的建筑设计文件进行描述，包括建筑规模、建筑功能、建筑特点、建筑耐火、防火及节能要求等，并应简单描述工程的主要装修做法。

2. 结构设计简介应依据建设单位提供的结构设计文件进行描述，包括结构形式、地基基础形式、结构安全等级、抗震设防类别、主要结构构件类型及要求等。

3. 机电及设备安装专业设计简介应依据建设单位提供的相关专业设计文件进行描述，包括给水、排水以及供暖系统、通风及空调系统、电气系统、智能化系统、电梯等各个专业系统的做法及要求。

1.1.4 工程施工条件应参照本规范 4.1.3 条所列主要内容进行说明。

1.2 施工部署

1.2.1 工程施工目标应根据施工合同、招标文件及本单位对工程管理目标的要求确定，包括进度、质量、安全、环境和成本等目标，各项目标应满足施工组织总设计中确定的总目标。

1.2.2 施工部署中的进度安排和空间组织应符合下列规定：

1. 工程主要施工内容及其进度安排应明确说明，施工顺序应符合工序逻辑关系；

2. 施工流水段应结合工程具体情况分段进行划分；单位工程施工阶段的划分一般包括地基基础、主体结构、装饰装修和机电设备安装三个阶段。

1.2.3 对于工程施工的重点和难点应进行分析，包括组织管理和施工技术两个方面。

1.2.4 工程管理的组织机构形式应按照本规范 4.2.3 条的规定执行，并确定项目经理部的工作岗位设置及其职责划分。

1.2.5 对于工程施工中开发和使用的新技术、新工艺应做出部署，对新材料和新设备的使用应提出技术及管理要求。

1.2.6 对主要分包工程施工单位的选择要求及管理方式应进行简要说明。

1.3 施工进度计划

1.3.1 单位工程施工进度计划应按照施工部署的安排进行编制。

1.3.2 施工进度计划可采用网络图或横道图表示，应附必要说明；对于工程规模较大或较复杂的工程，宜采用网络图表示。

1.4 施工准备与资源配置计划

1.4.1 施工准备应包括技术准备、现场准备和资金准备等。

1. 技术准备应包括施工所需要的技术资料准备、施工方案编制计划、试验检验及设备调试工作计划、样板制作计划等。

1) 主要分部（分项）工程和专项工程在施工前应单独编制施工方案，施工方案可根据工程进展情况，分阶段编制完成；对需要编制的主要施工方案应制定编制计划。

2) 试验检验及设备调试工作计划应根据现行规范、标准中的有关要求及工程规模、进度等实际情况制定。

3) 样板制作计划应根据施工文件或招标文件的要求并结合工程特点制定。

2. 现场准备应根据现场施工条件和工程施工实际需要，准备现场生产、生活等临时设施。

3. 资金准备应根据施工进度计划编制资金使用计划。

1.4.2 资源配置计划应包括劳动力配置计划和物资配置计划等。

1. 劳动力配置计划包括下列内容：

1) 确定各施工阶段用工量；

2) 根据施工进度计划确定各施工阶段劳动力配置计划。

2. 物资配置计划应包括下列内容：

1) 主要工程材料和设备的配置计划应根据施工进度计划确定，包括各施工阶段所需主要工程材料、设备的种类和数量；

2) 工程主要周转材料和施工机具的配置计划应根据施工部署和施工进度计划确定，包括各施工阶段所需主要周转材料、施工机械的种类和数量。

1.5 主要施工方案

1.5.1 单位工程应按照《建筑工程施工质量验收统一标准》（GB 50300）中分部、分项工程的划分原则，对主要分部、分项工程制定施工方案。

1.5.2 对脚手架工程、起重吊装工程、临时用水用电工程、季节性施工等专项工程所采用的施工方案应进行必要的验算和说明。

1.6 施工现场平面布置

1.6.1 施工现场平面布置图应参照本规范第 4.6.1 条和第 4.6.2 条的规定并结合施工组织总设计，按不同的施工阶段分别绘制。

1.6.2 施工现场平面布置图应包括下列内容：

1. 工程施工场地状况；

2. 拟建建（构）筑物的位置、轮廓尺寸、层数等；

3. 工程施工现场的加工设施、存贮设施、办公和生活用房等的位置和面积；

4. 布置在工程施工现场的垂直运输设施、供电设施、供水供热设施、排水排污设施和临时施工道路等；

5. 施工现场必备的安全、消防、保卫和环境保护等设施；

6. 相邻的地上、地下既有建（构）筑物及相关环境。

二、 施工方案

2.1 工程概况

2.1.1 工程概况应包括工程主要情况、设计简介和工程施工条件等。

2.1.2 工程主要情况应包括：分部（分项）工程或专项工程名称，工程参建单位的相关情况，工程的施工范围，施工合同、招标文件或总承包单位对工程施工的重点要求等。

2.1.3 设计简介应主要介绍施工范围内的工程设计内容和相关要求。

2.1.4 工程施工条件应重点说明与分部（分项）工程或专项工程相关的内容。

2.2 施工安排

2.2.1 工程施工目标包括进度、质量、安全、环境等成本目标，各项目标应满足施工合同、招标文件和总承包单位对工程施工的要求。

2.2.2 工程施工顺序及施工流水段应在施工安排中确定。

2.2.3 针对工程的重点和难点，进行施工安排并简述主要管理和技术措施。

2.2.4 工程管理的组织机构及岗位职责应在施工安排中确定，并应符合总承包单位的要求。

2.3 施工进度计划

2.3.1 分部（分项）工程或专项工程施工进度计划应按照施工安排，并结合总承包单位的施工进度计划进行编制。

2.3.2 施工进度计划可采用网络图或横道图表示，并附必要说明。

2.4 施工准备与资源配置计划

2.4.1 施工准备应包括下列内容：

1. 技术准备：包括施工所需技术资料的准备、图纸深化和技术交底的要求、试验检验和测试工作计划、样板制作计划以及相关单位的技术交接计划等。

2. 现场准备：包括生产、生活等临时设施的准备以及与相关单位进行现场交接的计划等。

3. 资金准备：编制资金使用计划等。

2.4.2 资源配置计划应包括下列内容：

1. 劳动力配置计划：确定工程用工量并编制专业工种劳动力计划表。

2. 物资配置计划：包括工程材料和设备配置计划、周转材料和施工机具配置计划以及计量、测量和检验仪器配置计划等。

2.5 施工方法及工艺要求

2.5.1 明确分部（分项）工程或专项工程施工方案并进行必要的技术核算，对主要分项工程（工序）明确施工工艺要求。

2.5.2 对易发生质量通病、易出现安全问题、施工难度大、技术含量高的分项工程（工序）等应做出重点说明。

2.5.3 对开发和使用的新技术、新工艺以及采用的新材料、新设备应通过必要的试验或论证并制订计划。

2.5.4 对季节性施工应提出具体要求。

三、 主要施工管理计划

3.1 一般规定

3.1.1 施工管理计划应包括进度管理计划、质量管理计划、安全管理计划、环境管理计划、成本管理计划以及其他管理计划等内容。

3.1.2 各项管理计划的制订，应根据项目的特点有所侧重。

3.2 进度管理计划

3.2.1 项目施工进度管理应按照项目施工的技术规律和合理的施工顺序，保证各工序在时间上和空间上顺利衔接。

3.2.2 进度管理计划应包括下列内容：

1. 对项目施工进度计划进行逐级分解，通过阶段性目标的实现保证最终工期目标的完成。

2. 建立施工进度管理的组织机构并明确职责，制定相应管理制度。

3. 针对不同施工阶段的特点，制定进度管理的相应措施，包括施工组织措施、技术措施和合同措施等。

4. 建立施工进度动态管理机制，及时纠正施工过程中的进度偏差，并制定特殊情况下的赶工措施。

5. 根据项目周边环境特点，制定相应的协调措施，减少外部因素对施工进度的影响。

3.3 质量管理计划

3.3.1 质量管理计划可参照《质量管理体系 要求》(GB/T 19001)，在施工单位质量管理体系的框架内编制。

3.3.2 质量管理计划应包括下列内容：

1. 按照项目具体要求确定质量目标并进行目标分解，质量指标应具有可测量性。

2. 建立项目质量管理的组织机构并明确职责。

3. 制定符合项目特点的技术保障和资源保障措施，通过可靠的预防控制措施，保证质量目标的实现。

4. 建立质量过程检查制度，并对质量事故的处理做出相应规定。

3.4 安全管理计划

3.4.1 安全管理计划可参照《职业健康安全管理体系 要求》(GB/T 28001)，在施工单位安全管理体系的框架内编制。

3.4.2 安全管理计划应包括下列内容：

1. 确定项目重要危险源，制定项目职业健康安全管理目标。

2. 建立有管理层次的项目安全管理组织机构并明确职责。

3. 根据项目特点，进行职业健康安全方面的资源配置。

4. 建立具有针对性的安全生产管理制度和职工安全教育培训制度。

5. 针对项目重要危险源，制度相应的安全技术措施；对达到一定规模的危险性较大的分部（分项）工程和特殊工种的作业应制定专项安全技术措施的编制计划。

6. 根据季节、气候的变化，制定相应的季节性安全施工措施。

7. 建立现场安全检查制度，并对安全事故的处理做出相应规定。

3.4.3 现场安全管理应符合国家和地方政府部门的要求。

3.5 环境管理计划

3.5.1 环境管理计划可参照《环境管理体系 要求及使用指南》(GB/T 24001)，在施工单位环境管理体系的框架内编制。

3.5.2 环境管理计划应包括下列内容：

1. 确定项目重要环境因素，制定项目环境管理目标。

2. 建立项目环境管理的组织机构并明确职责。

3. 根据项目特点，进行环境保护方面的资源配置。

4. 制定现场环境保护的控制措施。

5. 建立现场环境检查制度，并对环境事故的处理做出相应规定。

3.5.3 现场环境管理应符合国家和地方政府部门的要求。

3.6 成本管理计划

3.6.1 成本管理计划应以项目施工预算和施工进度计划为依据编制。

3.6.2 成本管理计划应包括下列内容：

1. 根据项目施工预算，制定项目施工成本。

2. 根据施工进度计划，对项目施工成本目标进行阶段分解。

3. 建立施工成本管理的组织机构并明确职责，制定相应管理制度。

4. 采取合理的技术、组织和合同等措施，控制施工成本。

5. 确定科学的成本分析方法，制定必要的纠偏措施和风险控制措施。

3.6.3 必须正确处理成本与进度、质量、安全和环境等之间的关系。

3.7 其他管理计划

3.7.1 其他管理计划宜包括绿色施工管理计划、防火保安管理计划、合同管理计划、组织协调管理计划、创优质工程管理计划、质量保修管理计划以及对施工现场人力资源、施工机具、材料设备等生产要素的管理计划等。

3.7.2 其他管理计划可根据项目的特点和复杂程度加以取舍。

3.7.3 各项管理计划的内容应有目标，有组织机构，有资源配置，有管理制度和技术、组织措施等。

附录四　施工平面图图例

一、地形及控制点

序号	名称	图例	序号	名称	图例
1	三角点	点名 高程	10	浅深井、试坑	
2	水准点	点名 高程	11	等高线：基本的、补助的	6
3	原有房屋		12	土堤、土堆	
4	窑洞：地上、地下		13	坑穴	
5	蒙古包		14	断崖（2.2 为断崖高度）	2.2
6	坟地、有树坟地		15	滑坡	
7	石油、盐、天然气井		16	树林	
8	竖井、矩形、圆形		17	竹林	
9	钻孔	钻	18	耕地：稻田、旱地	

二、建筑、构筑物

序号	名称	图例	序号	名称	图例
1	拟建正式房屋		6	临时围墙	
2	施工期间利用的拟建正式房屋		7	建筑工地界线	
3	将来拟建正式房屋		8	工地内的分区线	
4	临时房屋：密闭式 敞棚式		9	烟囱	
			10	水塔	
			11	房角坐标	x=1530 y=2156
5	拟建的各种材料围墙		12	室内地面水平标高	105.10

三、交通运输

序号	名称	图例	序号	名称	图例
1	现有永久公路		13	桥梁	
2	拟建永久道路		14	铁路车站	
3	施工用临时道路		15	索道(走线滑子)	
4	现有大车道		16	水系流向	(10t)
5	现有标准轨铁路		17	人行桥	
6	拟建标准轨铁路		18	车行桥	
7	施工期间利用的拟建标准轨铁路		19	渡口	
8	现有的窄轨铁路		20	码头 顺岸式 趸船式 堤坝式	
9	施工用临时窄轨铁		21	船只停泊场	
10	转车盘		22	临时岸边码头	
11	道口		23	桩式码头	
12	涵洞		24	趸船船头	

四、材料、构件堆场

序号	名称	图例	序号	名称	图例
1	临时露天堆场		13	屋面板存放场	
2	施工期间利用的永久堆场		14	砌块存放场	
3	土堆		15	墙板存放场	
4	砂堆		16	一般构件存放场	
5	砾石、碎石堆		17	原木堆场	
6	块石堆		18	锯材堆场	
7	砖堆		19	细木成品场	
8	钢筋堆场		20	粗木成品场	
9	型钢堆场		21	矿渣、灰渣堆	
10	铁管堆场		22	废料堆场	
11	钢筋成品场				
12	钢结构场		23	脚手、模板堆场	

五、动力设施

序号	名称	图例	序号	名称	图例
1	临时水塔		7	原有的上水管线	
2	临时水池		8	临时给水管线	
3	贮水池		9	给水阀门（水嘴）	
4	永久井		10	支管接管位置	
5	临时井		11	消火栓（原有）	
6	加压井		12	消火栓（临时）	

五、动力设施

序号	名称	图例	序号	名称	图例
13	消火栓		20	原有化粪池	
14	原有上下水井		21	拟建化粪池	
15	拟建上下水井		22	水源	
16	临时上下水井		23	电源	
17	原有的排水管线		24	总降压变电站	
18	临时排水管线		25	发电站	
19	临时排水沟				

六、施工机械

序号	名称	图例	序号	名称	图例
1	塔轨		12	少先吊	
2	塔吊		13	挖土机:正铲 反铲 抓铲 拉铲	
3	井架				
4	门架		14	多斗挖土机	
5	卷扬机		15	推土机	
6	履带式起重机		16	铲运机	
7	汽车式起重机		17	混凝土搅拌机	
8	缆式起重机		18	灰浆搅拌机	
9	铁路式起重机		19	洗石机	
10	皮带运输机		20	打桩机	
11	外用电梯		21	水泵	

六、施工机械

序号	名称	图例	序号	名称	图例
22	圆锯		30	现有低压线路	—VV——VV—
23	变电站		31	施工期间利用的永久低压线路	—LVV——LVV—
24	变压器		32	临时低压线路	—V——V—
25	投光灯		33	电话线	—-o-——-o-—
26	电杆		34	现有暖气管道	=—T=—T—
27	现有高压 6kV 线路	—WW——WW—	35	临时暖气管道	—Z—
28	施工期间利用的永久高压 6kV 线路	—LWW——LWW—	36	空压气站	
29	临时高压 3～5kV 线路	—W . —W . —	37	临时压缩空气管道	—YS—

七、其他

序号	名称	图例	序号	名称	图例
1	脚手架	二|二|二|二	4	沥青锅	
2	壁板插放架	+++++++++++++	5	避雷针	Y
3	淋灰池	灰	6		

参考文献

［1］ 中华人民共和国国家标准，GB/T 50502—2009，建筑施工组织设计规范［S］．北京：中国建筑工业出版社，2009.

［2］ 中华人民共和国行业标准，JG/T 188—2009，施工现场临时建筑物技术规范［S］．北京：中国建筑工业出版社，2009.

［3］ 中华人民共和国行业标准，JG/T 121—99，工程网络计划技术规程［S］．北京：中国建筑工业出版社，1999.

［4］ 郁超．实施性施工组织设计及施工方案编制技巧［M］．北京：中国建筑工业出版社，2009.

［5］ 李源清．建筑工程施工组织实训［M］．北京：北京大学出版社，2011.

［6］ 王全杰．办公大厦建筑工程图［M］．重庆：重庆大学出版社，2012.

［7］ 李洪涛．工程项目管理沙盘模拟（PMST）实训教程．重庆：重庆大学出版社，2013.

［8］ 张华明．建筑施工组织［M］．北京：中国电力出版社，2011.

参考文献

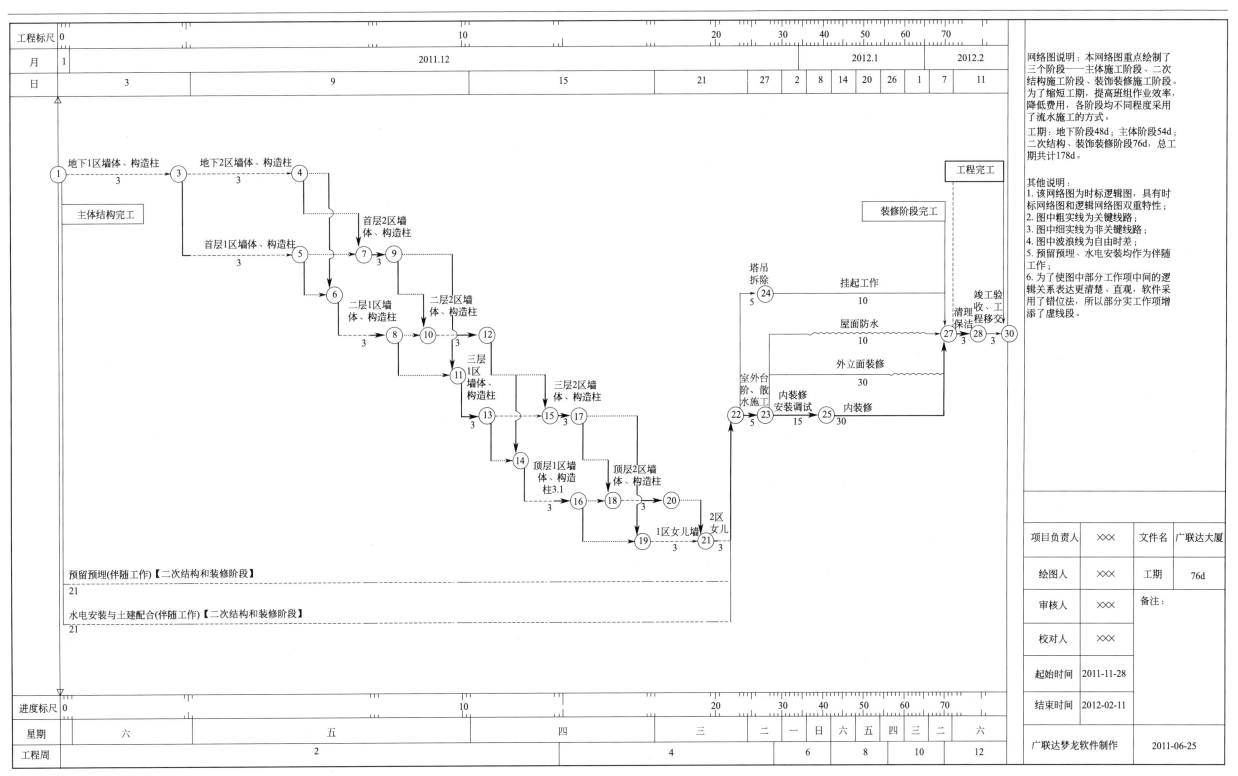

广联达办公大厦时标逻辑网络图 ——二次结构和装饰装修部分

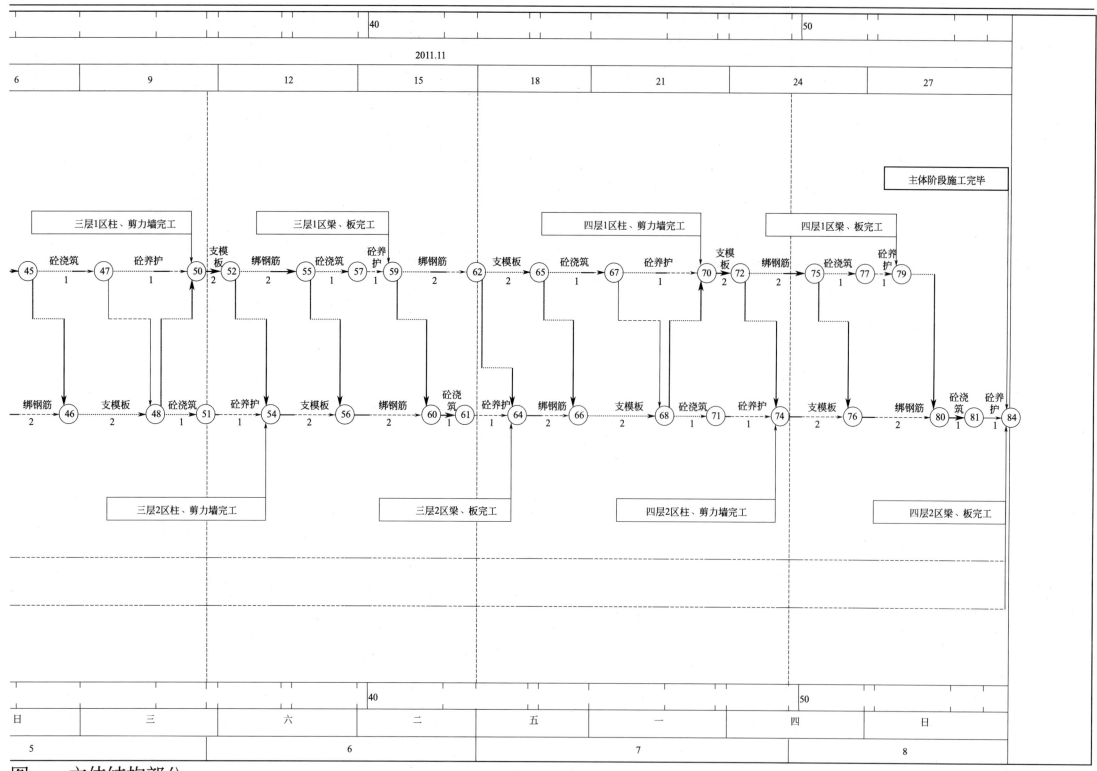

图 —— 主体结构部分

注：砼=混凝土。

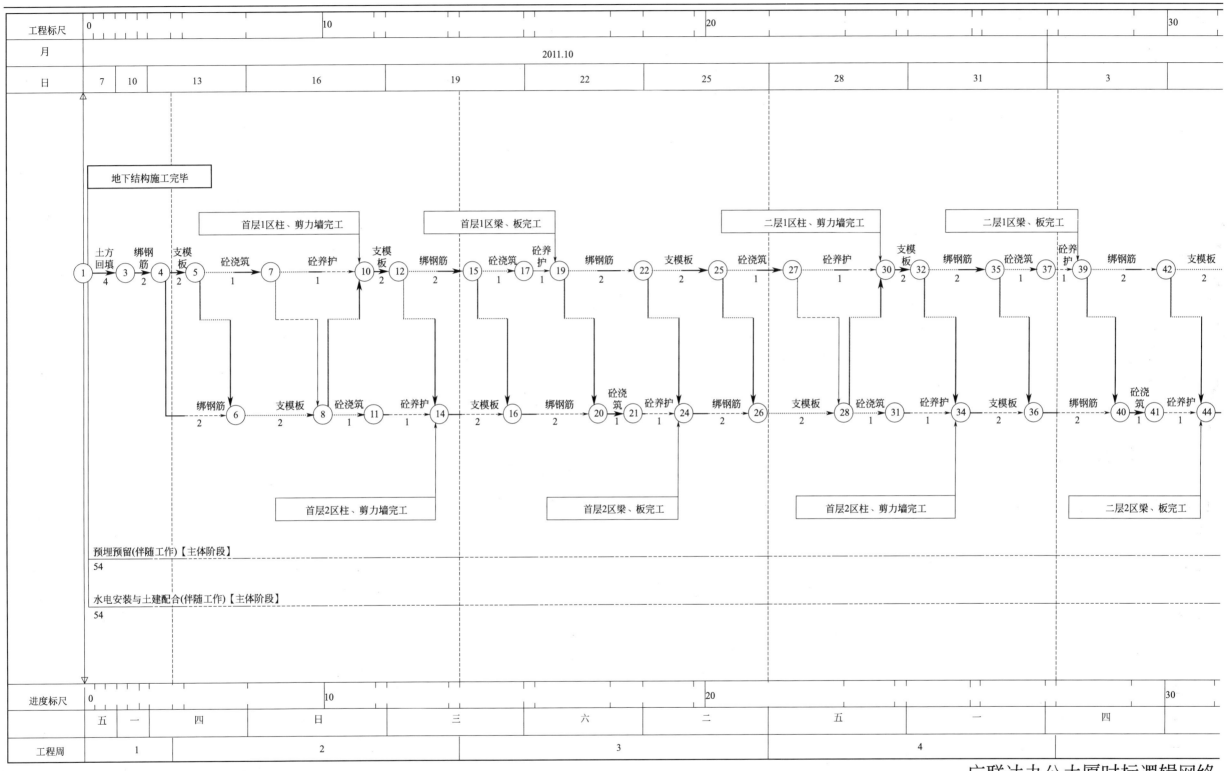

广联达办公大厦时标逻辑网络

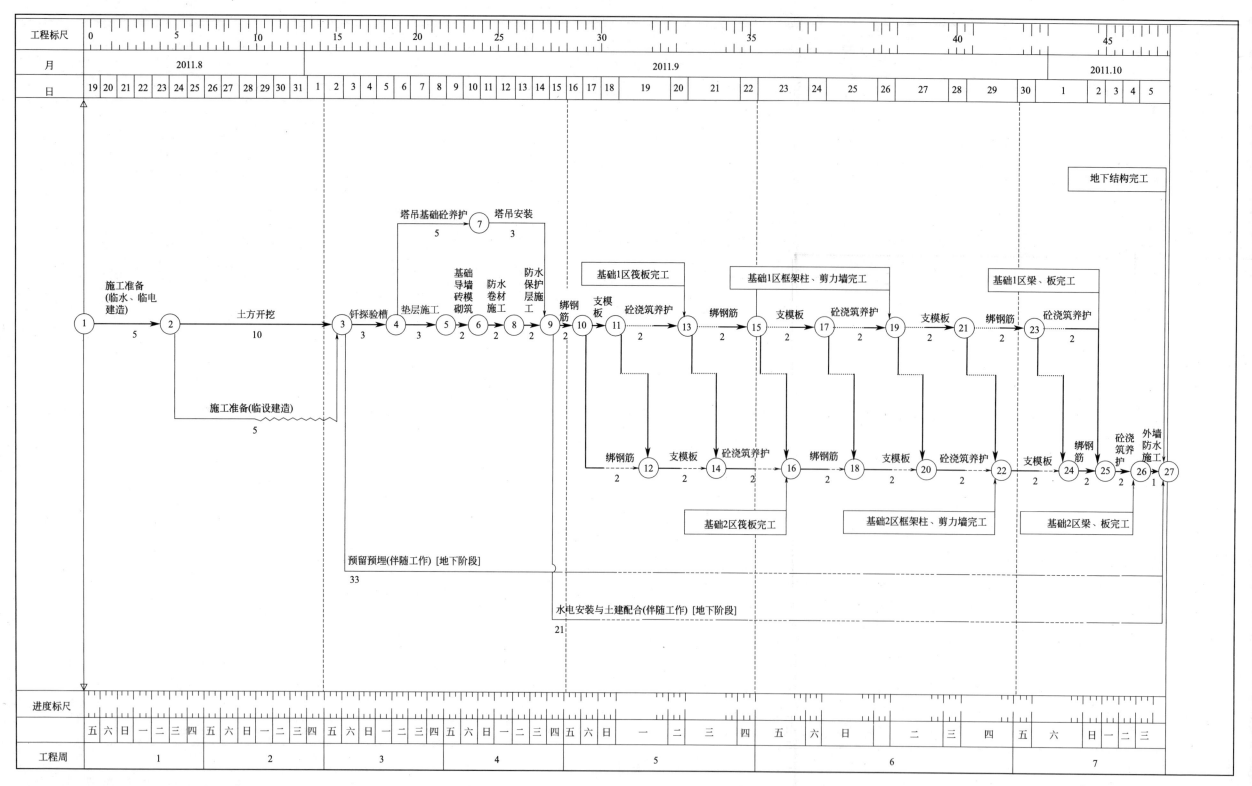

广联达办公大厦时标逻辑网络图——地下结构部分